Gerd Kreß, Jürgen Schmaus

Herausgeber: Jürgen Schmaus

AF867155

Holztechnik

Lernfelder 5 bis 12

1. Auflage

Bestellnummer 70152

Bildungsverlag EINS

Haben Sie Anregungen oder Kritikpunkte zu diesem Buch?
Dann senden Sie eine E-Mail an 70152@bv-1.de
Autoren und Verlag freuen sich auf Ihre Rückmeldung.

www.bildungsverlag1.de

Bildungsverlag EINS GmbH
Sieglarer Straße 2, 53842 Troisdorf

ISBN 978-3-427-**70152**-1

Inhaltsverzeichnis

Lernfeld 5

Lernfeld 6

Lernfeld 7

Lernfeld 8

Lernfeld 9

Lernfeld 10

Lernfeld 11

Lernfeld 12

Name: ____________ **Klasse/Gruppe:** ____________ **Datum:** ____________

Vorbereitende Maßnahmen

Ein Kunde ruft an und bittet um ein Informations-Gespräch bei sich zu Hause. Er spricht am Telefon von einem Phonomöbel und Zimmertüren, die eventuell zu fertigen wären. Zeitpunkt der Besprechung ist abends um 18:00 Uhr.

Vervollständigen Sie die Liste mit den vorbereitenden Überlegungen.

Müssen Sie pünktlich sein?

___

Was tun Sie bei Verspätung?

___

Welche Werkzeuge sollten mit dabei sein?

___

___

Welche Muster sollten dabei sein?

___

Was sollten Sie bei Ihrer Kleidung beachten?

___

Name: **Klasse/Gruppe:** **Datum:**

Der Kunde hat ein ähnliches Phonomöbel in einem Katalog gesehen. Er ist sich über die Proportionen noch nicht sicher. Entwerfen Sie sechs alternative Ansichten des Möbels.

Name: **Klasse/Gruppe:** **Datum:**

Ergänzen Sie die Zeichnungen mit vier verschiedenen stumpfen Korpuseckverbindungen. Benennen Sie die Verbindungen.

Vorgabe: Plattenmaterial, überfurniert, Dicke 19 mm

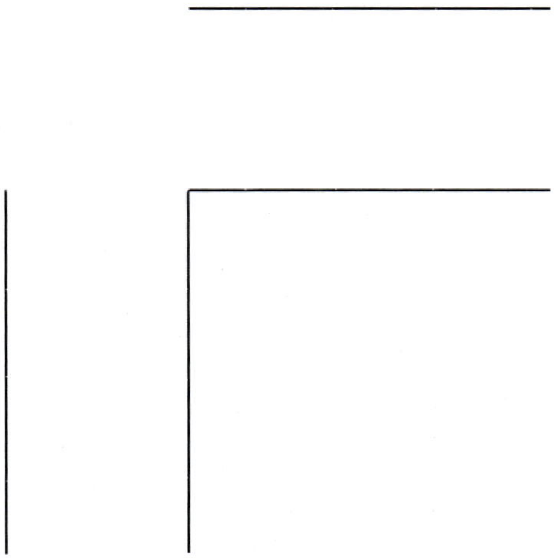

Name: **Klasse/Gruppe:** **Datum:**

Ergänzen Sie die Zeichnungen mit vier verschiedenen Korpuseckverbindungen auf Gehrung. Benennen Sie die Verbindungen.
Vorgabe: Plattenmaterial, überfurniert, Dicke 19 mm

Name: **Klasse/Gruppe:** **Datum:**

Ergänzen Sie die Zeichnungen mit vier verschiedenen Mittenanschlüssen. Der Riegel soll nicht sichtbar sein.
Die Türen sollen sich nicht von allein öffnen.
Vorgabe: Plattenmaterial, überfurniert, Dicke 19 mm

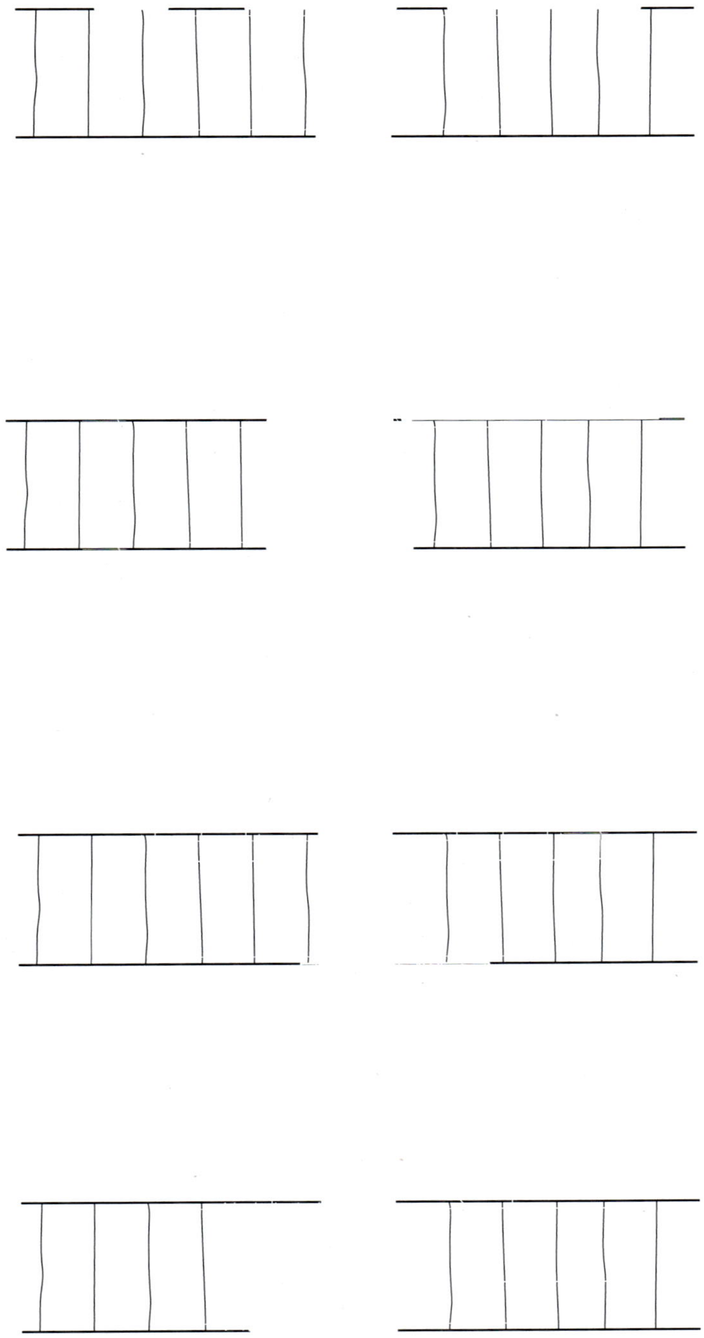

Lernfeld 5: Entwurfsplanung Phonomöbel – Rückwandkonstruktionen

Blatt-Nr. **6/1**

Name: ______________________ **Klasse/Gruppe:** ______________________ **Datum:** ______________________

Ergänzen Sie die Zeichnungen mit vier verschiedenen Rückwandkonstruktionen. Zwei davon sollen mit einer Schrankaufhängung gezeichnet werden.
Vorgabe: Plattenmaterial, überfurniert, Dicke 19 mm

Horizontalschnitt

Vertikalschnitt

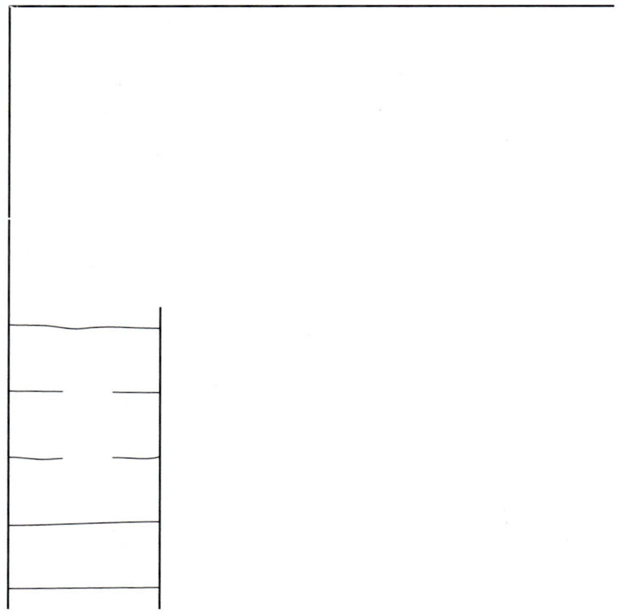

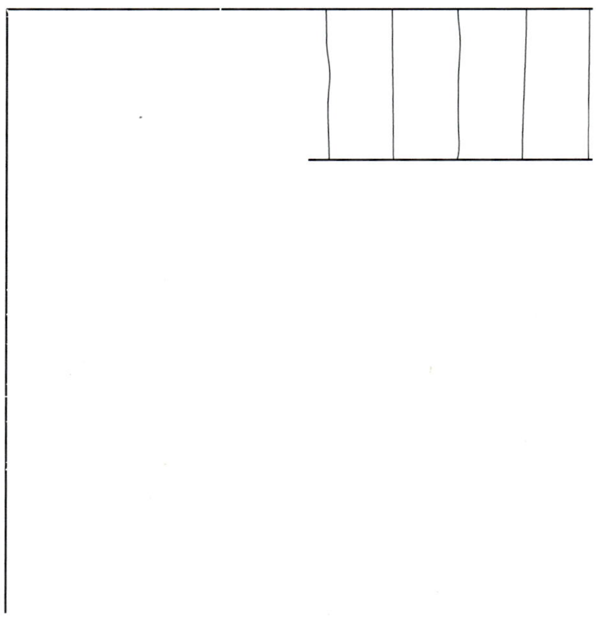

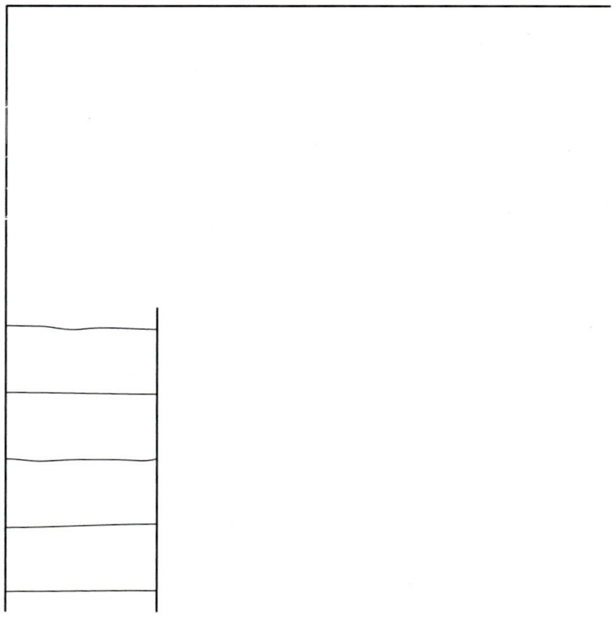

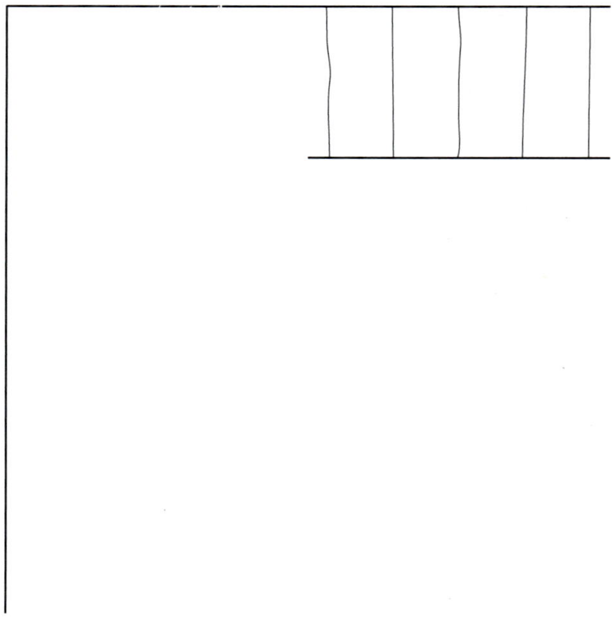

Name: **Klasse/Gruppe:** **Datum:**

Horizontalschnitt

Vertikalschnitt

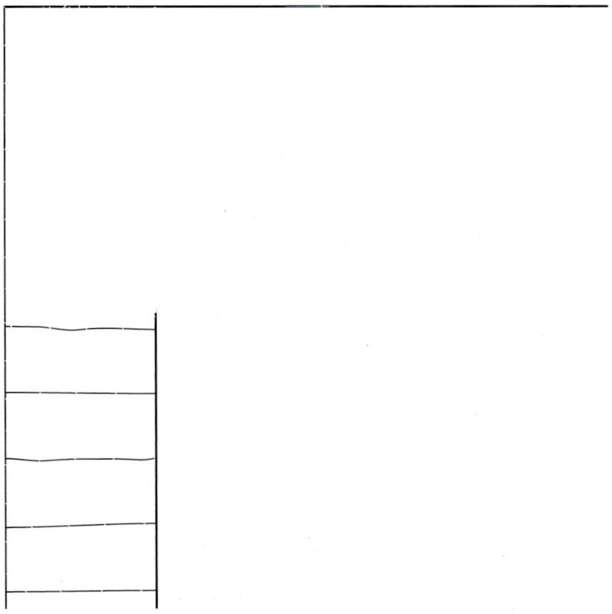

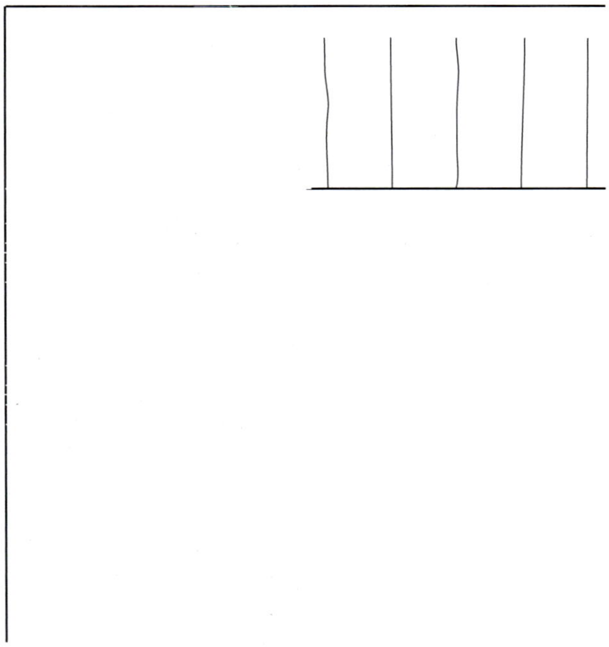

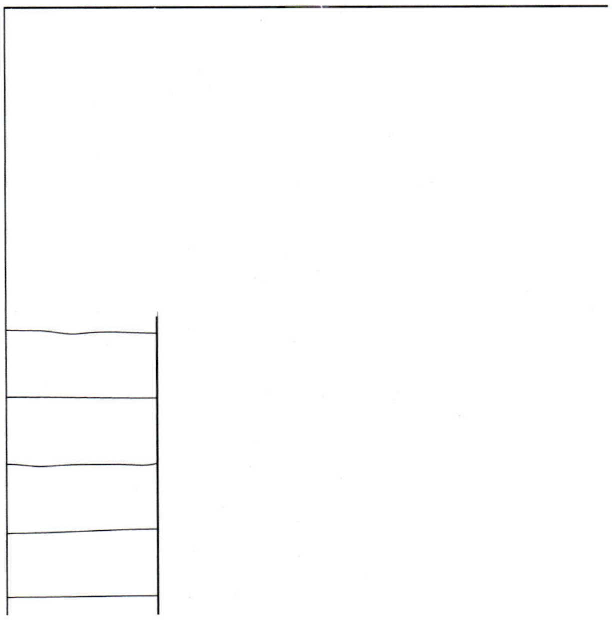

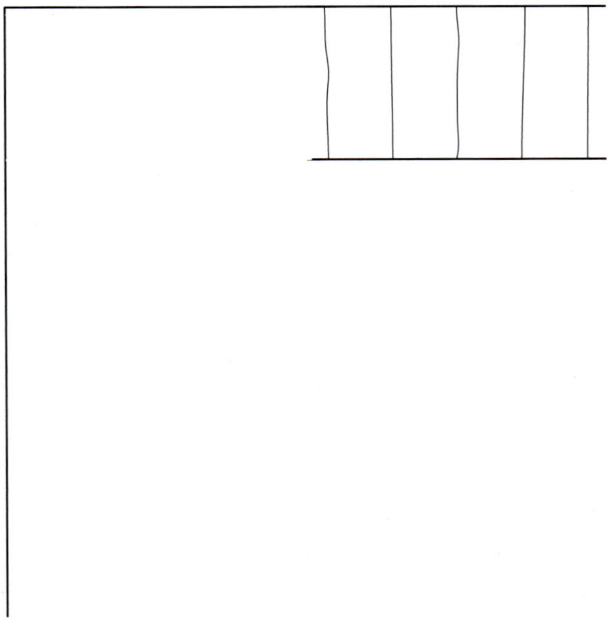

Name: **Klasse/Gruppe:** **Datum:**

Zeichnen Sie in perspektivischer Ansicht eine Ecke der folgenden Rückwandkonstruktion.

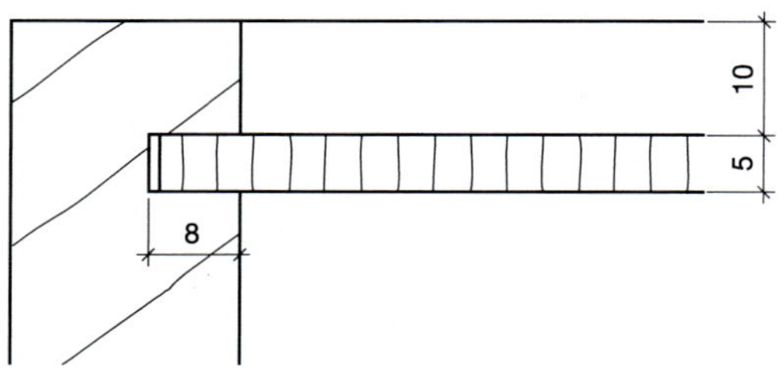

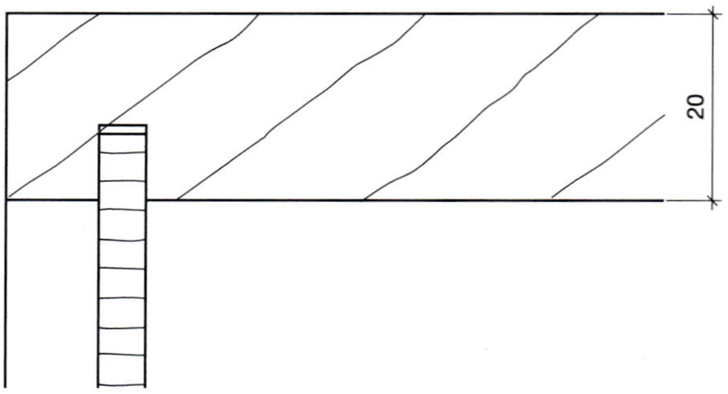

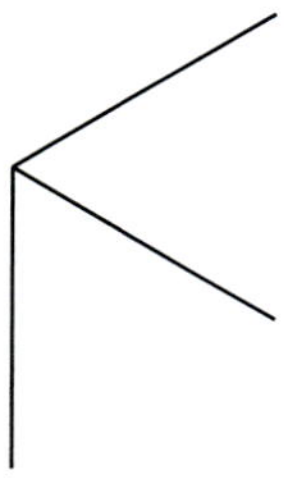

Name: **Klasse/Gruppe:** **Datum:**

Im Bild dargestellt ist ein angedeuteter Vertikalschnitt durch einen Schubkasten. Das Vorderstück hat das Querschnittsmaß 92 mm/20 mm, das Hinterstück ist 15 mm dick. Das Vorderstück erhält eine halb verdeckte Zinkung, das Hinterstück wird offen gezinkt. Der Boden besteht aus Plattenmaterial, welches überfurniert wird. Zeichnen und bemaßen Sie den Vertikalschnitt nach DIN 919. Sämtliche Maß- und Materialangaben sowie die Zinkeneinteilungen müssen aus der Zeichnung heraus lesbar sein.

Name: **Klasse/Gruppe:** **Datum:**

Vervollständigen Sie in der Zeichnung die klassische Schubkastenführung mit Streif-, Lauf- und Kippleiste.

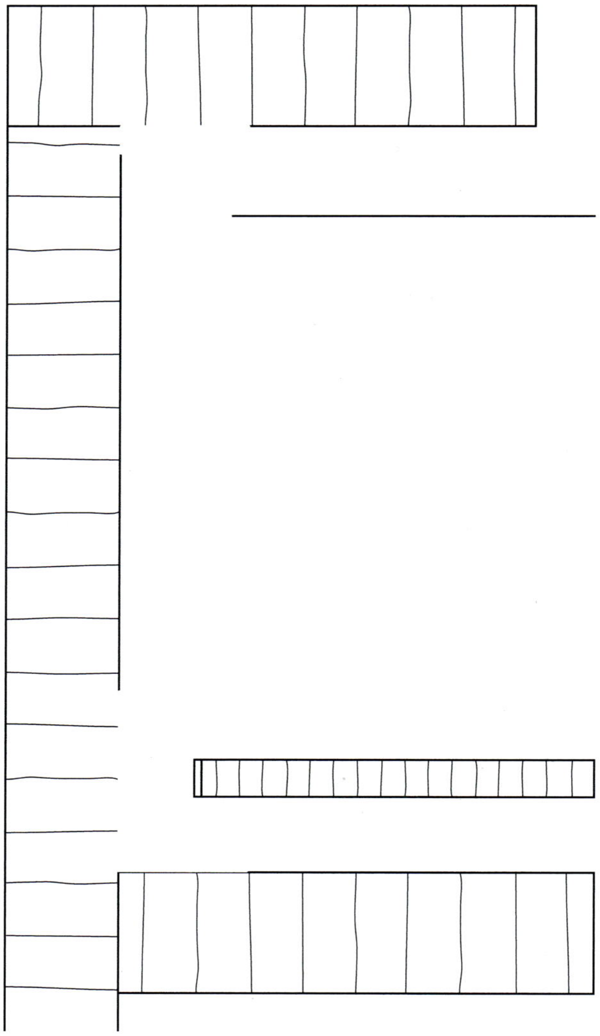

Können große oder schwere Schubkästen mit einer klassischen Führung gut geführt werden?

Begründen Sie Ihre Antwort:

Welches sind die Nachteile der klassischen Schubkastenführung?

Name: **Klasse/Gruppe:** **Datum:**

Vervollständigen Sie in der Zeichnung die Nutleistenführung.

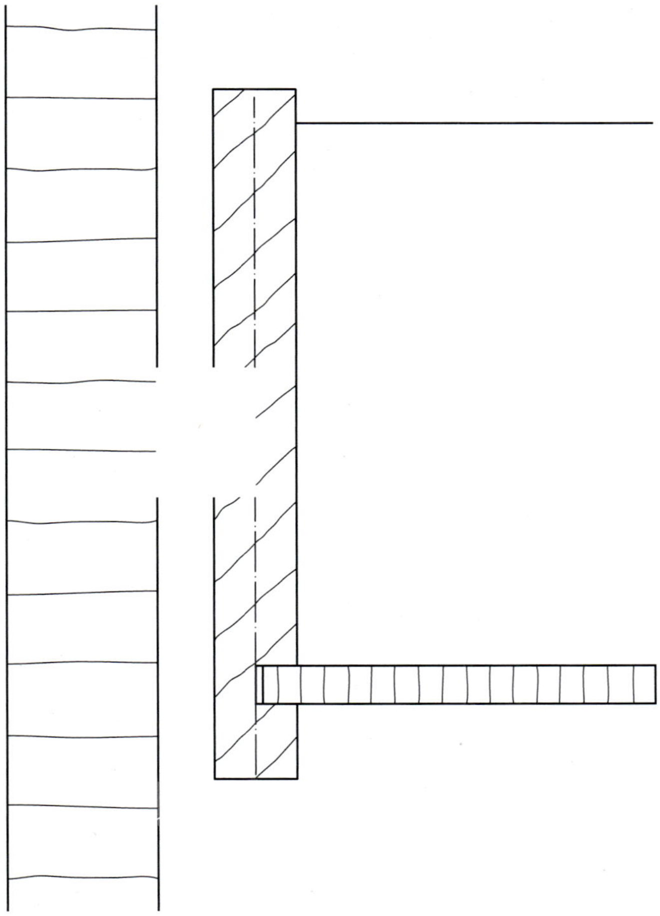

Wie tief darf die Nutleiste maximal in der Schubkastenseite geführt werden?

Können große oder schwere Schubkästen mit einer Nutleiste geführt werden?

Begründen Sie Ihre Antwort:

Welche Vorteile hat die Nuteistenführung?

Worauf ist bei gezinkten Schubkästen beim Einsatz der Nutleiste zu achten?

Name: **Klasse/Gruppe:** **Datum:**

Die linke Seite des Schränkchens soll aus zwei übereinander liegenden Schubkästen bestehen. Skizzieren Sie hierfür einen möglichen Entwurf für eine Nutleistenführung.

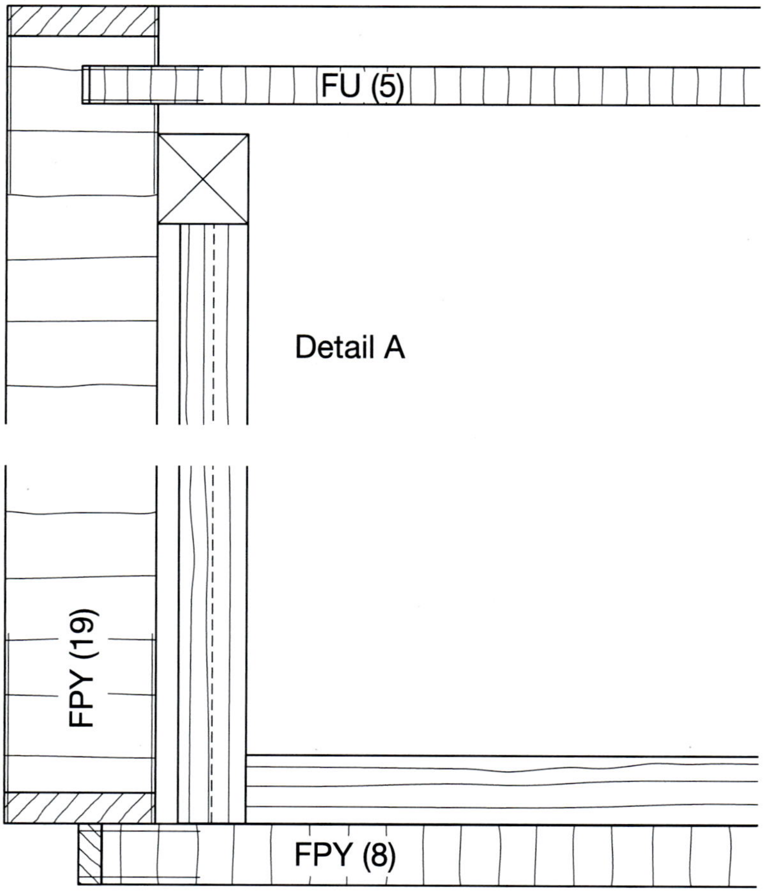

Name: ____________ **Klasse/Gruppe:** ____________ **Datum:** ____________

Durch Verleimfehler beim Furnieren können große Schäden entstehen, die manchmal nicht mehr zu beseitigen sind. Sie können durch achtsames Arbeiten vermieden werden.

Fehler	Ursache	Vermeiden/Korrigieren
Kürschner		
welliges Furnier		
Leimdurchschlag		
vermesserte Furniere		
verschobene Furniere		
Druckstellen		
Markierung des Anleimers		
Trägermaterial sichtbar		
Verfärbungen des Furniers		
offene Fugen		

Name: **Klasse/Gruppe:** **Datum:**

Der Anwender kann durch die verschiedenen Anordnungen das Furnierbild verändern.

Ergänzen Sie die Furnierbilder.

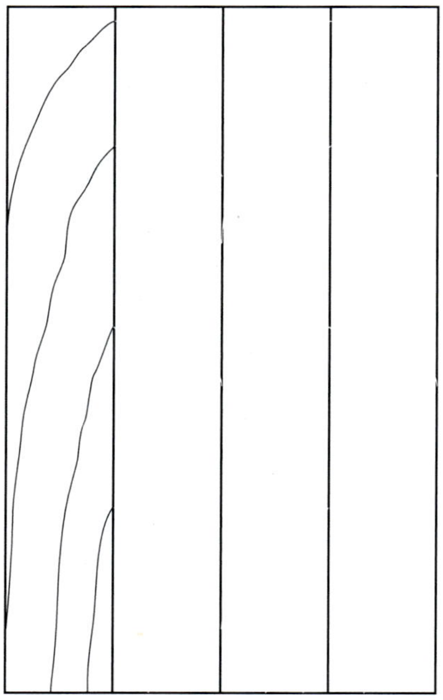

gestürzt

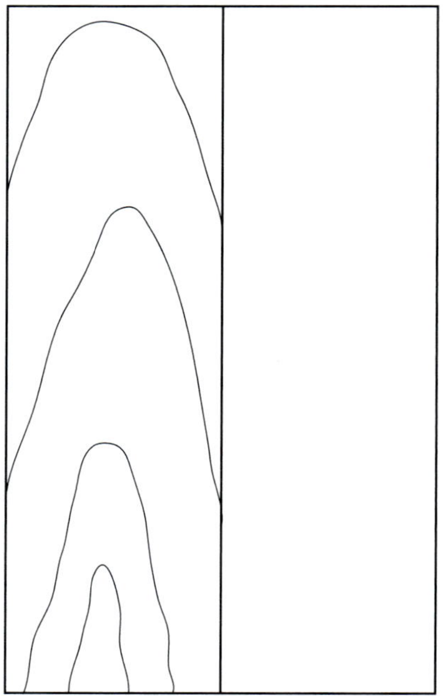

gestürzt

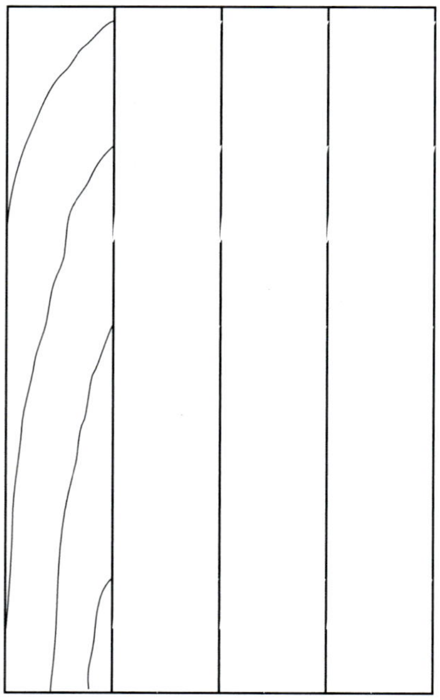

verschoben

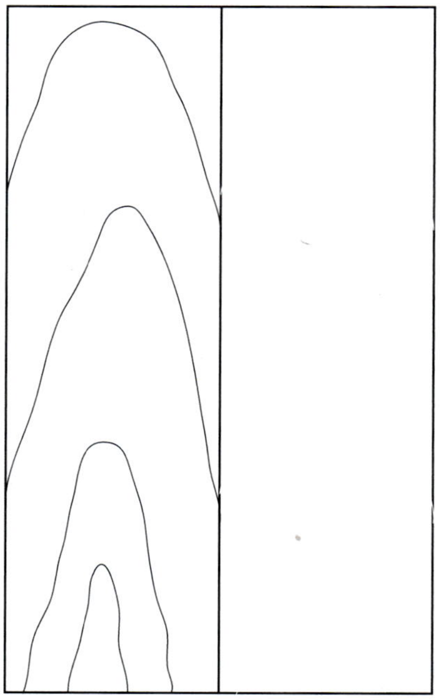

verschoben

Name: Klasse/Gruppe: Datum:

Spritz- und Pinselbeize
S 9900/Farbton

Produktbeschreibung
Flüssige, gebrauchsfertige Wasser-Alkohol-Beize mit klarem, brillantem Effekt und dezenter Porenbetonung.

Anwendungsbereich
Spritz- und Pinselbeize S 9900 ist universell einsetzbar und kann im Spritz- und Walzverfahren oder mit dem Pinsel verarbeitet werden.
Auf vielen Holzarten im Innenbereich zu verwenden, z. B. auf Ahorn, Kirschbaum, Buche, Erle, Eiche, Esche, Mahagoni und Vogelaugenahorn.

Vorbehandlung
Abgestuften Holzschliff vornehmen (120er/150er/evtl. 180er Körnung) und den Schleifstaub bei grobporigen Hölzern sorgfältig durch Ausbürsten der Holzporen mit Poren- oder Fiberbürste entfernen.

Aufhellung/Nuancierung
Zur Aufhellung kann S 9900/4000 farblos in beliebiger Menge verwendet werden.
Alle Spritz- und Pinselbeizen S 9900/Farbton sind untereinander mischbar und können mit den Basisfarbtönen der Spritz- und Pinselbeize S 9900/1-10 nuanciert werden.
Darüber hinaus sind auch viele Wettbewerbsfarbtöne und Wunschfarbtöne bei Ihrem Zweihorn-Händler erhältlich.

Verarbeitung
Vor Gebrauch gründlich aufschütteln oder aufrühren!

Auftrag mit dem Beizpinsel:
Gleichmäßig satt in Maserrichtung auftragen, dann quer mit dem Beizpinsel vertreiben, anschließend in Maserrichtung abnehmen. Bei schwammigen oder unterschiedlich stark saugenden Hölzern (z. B. Kirschbaum, Buche) ist das Spritzverfahren anzuwenden.

Auftrag mit der Spritzpistole:
Darauf achten, dass nicht zuviel Beize aufgetragen wird. Besser öfter „trocken“ als einmal zu nass spritzen.

(Quelle: www.zweihorn.de)

Name: **Klasse/Gruppe:** **Datum:**

Auftragsmethoden

	Spritzen	**Streichen**
	Hoch-/Niederdruck	
Spritzdruck (bar)	1,5–2	
Düsengröße (mm)	0,8–1,3	
Ergiebigkeit (m^2/l)	7–12	7–10

Die Auftragsmenge ist stark abhängig von der Holzart und dem Holzschliff.

Trockenzeiten (bei 20 °C Raumtemperatur, 65 % relativer Luftfeuchtigkeit)
1 bis 2 Stunden. Die Trocknung kann durch Luftbewegung und Temperaturerhöhung deutlich verkürzt werden.

Produktdaten

Gebindegrößen	1 l, 5 l, 25 l*
Lieferviskosität DIN 4 mm	ca. 10 Sekunden
Haltbarkeit in verschlossenem Originalgebinde	ca. 1 Jahr

*nur farblos

Weitere Hinweise entnehmen Sie bitte dem Sicherheitsdatenblatt gemäß 91/155/EWG, welches Sie auf unserer Internetseite „www.zweihorn.com" finden oder bei uns anfordern können.

Besondere Hinweise
- Der endgültige Farbton ist abhängig von Art und Eigenfarbe des Holzes, Schliff, Auftragsmenge der Beize sowie vom verwendeten Lackmaterial.
  Deshalb stets zur Probe beizen und lackieren!
- Achtung: Produkt darf nicht in die Kanalisation eingeleitet werden!
- Bei Verwendung mehrerer Einzelgebinde diese bitte vor Arbeitsbeginn gemeinsam durchmischen.
- Reste der Gebrauchsmenge nicht in das Originalgebinde zurückfüllen.
- Arbeitsgeräte nach dem Gebrauch mit Wasser, Verdünner S3 reinigen. Spritzgeräte vor Wechsel auf lösemittelhaltige Produkte mit Wasser, Verdünner S3 und zum Schluss mit Nitro- oder PUR-Verdünner durchspülen.
- Frei von Schwermetallen, wie z. B. Blei, Chrom, Quecksilber, Cadmium und entspricht bezüglich ihrer Schwermetallgehalte den Anforderungen der EN 71 Ausgabe November 2002, Tabelle 1. Sie enthält ebenfalls keine Giftstoffe organischer Natur wie z. B. PCP (Pentachlorphenol), HCH (Lindan), Formaldehyd.

Name: **Klasse/Gruppe:** **Datum:**

Klären Sie mithilfe des Datenblattes folgende Punkte:

Haltbarkeit:

Verarbeitung:

Auftrag mit Beizpinsel:

Arbeitsbereich:

Vorbereitungen

Oberfläche:

Test:

Trockenzeiten:

Gefahren bei zu
zu hoher Temperatur:

zu beachten sind:

Wässern:

Name: Klasse/Gruppe: Datum:

Duocryl 2K-PUR Wasserklarlack

DC 8, 9

Produktbeschreibung

Duocryl 2K-PUR Wasserklarlack DC ist ein füllkräftiger, PVC-fester, abriebfester, sehr gut chemikalienbeständiger, kratzfester und wasserfester Wasserklarlack für starke Beanspruchung. Er zeichnet sich durch seine sehr guten Beständigkeiten, wie die Creme- und Fettbeständigkeit, die geringe Holzaufrauung und die relativ kurzen Trockenzeiten aus. Duocryl 2K-PUR Wasserklarlack DC ist extrem lichtecht und kann deshalb zum Überlackieren von Supercryl Buntlacken Unocolor bzw. Duocolor verwendet werden.

Vorbehandlung

Bei rohen Holzflächen abgestuften Holzschliff vornehmen (120er/150er/evtl. 180er Körnung) und gut entstauben. Je feiner der Holzschliff, desto geringer die Aufrauung. Gebeizte Flächen nicht schleifen.

Glanzgrade

Produkt-Nummer	DC 8	DC 9
Glanzstufe	seidenglänzend	seidenmatt
Messwert nach DIN 67530 bei 60°	ca. 30	ca. 15

Härtung

Härter:	PUR Wasserlackhärter PWH 2100
Mischungsverhältnis (Lack/Härter)	100 : 15
Verarbeitungszeit	ca. 4 Stunden bei 20 °C, 65 % rel. Luftfeuchtigkeit

Achtung: Härter muss sofort intensiv untergerührt werden.

Die Viskosität steigt durch die Härtezugabe an.
Das Lack/Härtergemisch ist auch noch nach Ablauf der Verarbeitungszeit flüssig! Trotzdem darf die Verarbeitungszeit nicht überschritten werden.

Verdünner

Leitungswasser, je nach Auftragsmethode bis zu 15 %.

(Quelle: www.zweihorn.de)

Name: **Klasse/Gruppe:** **Datum:**

Auftragsmethoden

	Spritzen	
	Hoch-/Niederdruck	Airless/Airmix
Spritzdruck (bar)	1,5–3	110–130
Düsengröße (mm)	1,8–2,0	0,25–0,33
Verdünnerzugabe (%)	10–15	5
Verarbeitungsviskosität DIN 4 mm (Sek.)	20–25	40
Auftragsmenge pro Arbeitsgang (g/m²)	80–120	100–120
Ergiebigkeit (m²/l)	10–12	8–10

Trockenzeiten (bei 20 °C Raumtemperatur, 65 % relativer Luftfeuchtigkeit)

staubtrocken	grifffest	schleifbar	transportfähig
ca. 15–20 Min.	ca. 30–45 Min.	ca. 2–3 Std.	über Nacht

Die Trockenzeiten sind stark abhängig von Auftragsmenge, Temperatur, Luftfeuchtigkeit und Luftbewegung. Hohe Auftragsmenge und Luftfeuchtigkeit beeinträchtigen die Trocknung, durch höhere Temperatur und Luftbewegung wird sie begünstigt.

Besondere Hinweise

- Nur Arbeitsgeräte aus nichtrostenden Materialien verwenden.
- Arbeitsgeräte sofort nach Gebrauch mit Wasser reinigen.
- Bei Wechsel von Wasserlack auf lösemittelhaltige Systeme Spritzgeräte gründlich mit Wasser, anschließend mit Spiritus, dann mit Zweihorn 10063 Celluloselack-Verdünner oder Zweihorn PUR-Verdünner S 9004 durchspülen.
- PUR Wasserlackhärter PWH 2100 muss intensiv in den Stammlack eingerührt werden.
- Die Lack-/Härtermischung nicht über die angegebene Verarbeitungszeit benutzen.
- Nicht unter 15 °C verarbeiten.
- Material ist frostempfindlich – nicht unter 5 °C lagern und transportieren.
- Alle Produkt- und Verarbeitungsparameter gelten für Normalbedingungen (20 °C, 65 % relative Luftfeuchtigkeit). Abweichungen können Verschlechterung der Ergebnisse verursachen.
- Gebinde stets geschlossen halten; Inhalt vor Austrocknen schützen.
- Bei Hautbildung ggf. vor der Verarbeitung durch Filtrieren (z. B. durch Nylongewebe) entfernen.
- Achtung: Produkt darf nicht in die Kanalisation geleitet werden.
- Bei wasserbasierten Materialien bitte darauf achten, dass keine ungeeigneten Profildichtungen verwendet werden. Bitte beachten Sie die Angaben des Profilherstellers.
- Einige Wasserbeizen können beim Überzug mit Wasserlacken „ausbluten“. Aus diesem Grund stets zur Probe beizen und lackieren.
- Um eine gute Strapazierfähigkeit zu gewährleisten, ist auf eine ausreichende Gesamtschichtdicke zu achten.

(Quelle: www.zweihorn.de)

Name: ______ **Klasse/Gruppe:** ______ **Datum:** ______

Klären Sie mithilfe des Datenblattes folgende Aufgaben:

Oberflächenhärte: ______

Einsatzbereich: ______

UV-Beständigkeit: ______

Aushärtung: ______

Bestandteile: ______

Lösemittel: ______

Trocknungszeiten:
staubtrocken ______
grifffest ______
schleifbar ______
transportierbar ______

Die Trocknungszeiten sind abhängig von: ______

______

______

______

Beste Verarbeitungstemperatur und Luftfeuchte: ______

Anforderung an Arbeitsgeräte: ______

Mischungsverhältnis Lack zu Härter: ______

Topfzeit: ______

Entsorgung: ______

Name: **Klasse/Gruppe:** **Datum:**

Für eine Kleinserie sind 20 m^2 Fläche zu lackieren.

Vorbereitung der furnierten Oberfläche:

Berechnen Sie die Mindestlackmenge in Liter für einen beidseitigen Auftrag mit Grundierung. Der Lack wird mit einer Airlesspistole aufgetragen.

Berechnen Sie die Lack- und Härtermengen.

Name: **Klasse/Gruppe:** **Datum:**

Oberflächentechniken erfordern besondere Aufmerksamkeit.
Das Werkstück ist nahezu fertig und gemachte Fehler führen zu schmerzhaften finanziellen Einbußen.

Vervollständigen Sie die untenstehende Tabelle.

Oberfläche	Fehler	Grund	Behebung des Schadens
Lack	Nasen		
Lack	Orangenhaut		
Lack	Risse		
Lack	Blasen		
Lack	ablösen		
Öl	klebrig		

Folgende Punkte müssen beim Lackieren eingehalten werden:

Name: Klasse/Gruppe: Datum:

Fachinformation Nr. 06/2006 (nach Vorlagen Hesse-Lignal/Ulrich Abdinghoff und Clou/Sigurd Sandmann):

Auswirkungen der europäischen Decopaint-Richtlinie auf das Tischler- und Schreinerhandwerk „Lösemittelhaltige Farben- und Lack-Verordnung – ChemVOCFarbV"

Hintergrund

Nach den gesetzlichen Vorgaben der „Lösemittelhaltigen Farben- und Lack-Verordnung – Chem-VOC-FarbV" (im weiteren Text Decopaint"-Verordnung genannt) müssen Emissionen organischer Lösemittel (VOC = Volatile Organic Compounds = Flüchtige Organische Verbindungen = Lösemittel) reduziert werden, weil Lösemittel als Vorläufersubstanzen für die Bildung von bodennahem Ozon und für den Sommersmog verantwortlich sind. Letztendlich soll der Schutz der menschlichen Gesundheit verbessert werden, weil Ozon eine chemisch aggressive Verbindung ist. Die Lackhersteller sind gefordert, ab dem 1.1.2007 nur noch Produkte in Verkehr zu bringen, die die Grenzwerte des Lösemittelgehaltes der „Decopaint"-Verordnung erfüllen, wenn die zu beschichtenden Objekte in den Anwendungsbereich der „Decopaint"-Verordnung fallen. Die bisher weit verbreiteten Lösemittellacke (z. B. Cellulosenitratlacke, 2-K-Polyurethanlacke) erfüllen in der Regel nicht die Anforderungen, so dass vor allem wässrige Produkte in diesem Bereich verstärkt zum Einsatz kommen werden.

Erste Stufe ab Januar 2007

Ab dem 1. Januar 2007 dürfen die Lackhersteller für Anwendungen im Bereich der „Decopaint"-Verordnung nur noch Produkte auf den Markt bringen, die die festgelegten Grenzwerte der „Decopaint"-Verordnung einhalten, welche für das gebrauchsfertige Produkt gelten, also inklusive aller notwendigen Härter-, Verdünner- und Additivzugaben. Die Anstrengungen, die jetzt noch bei den Lackherstellern liegen, werden somit ab Januar 2007 auch von den Anwendern gefordert, die Bauteile wie Fenster, Türen, Fußböden, Treppen, Wand- und Deckenverkleidungen herstellen. Die Verarbeiter müssen sich auf neue Produkteigenschaften der „Decopaint"-konformen Lacksysteme einstellen und sich mit den damit verbundenen neuen Anforderungen an Handhabung und Gerätetechnik vertraut machen.

Zweite Stufe ab Januar 2010

Die zweite Stufe der „Decopaint"-Verordnung tritt am 1. Januar 2010 in Kraft. Hier wird dann eine weitere Reduzierung des VOC-Gehalts in den Lacken gefordert. Es ist zu empfehlen, bei der jetzt anstehenden Neuorientierung sich schon auf Produkte einzustellen, die auch 2010 noch verarbeitet werden dürfen, um nicht in drei Jahren wieder nach neuen Materialien suchen zu müssen.

Zu beachten ist, dass je nach Produktgruppe die VOC-Grenzwerte …

- teilweise konstant bleiben (z. B. Produktkategorie i „Einkomponenten-Speziallacke", wasserbasiert).
- teilweise leicht verschärft werden (z. B. Produktkategorie j „Zweikomponenten-Speziallacke", lösemittelbasiert) und
- teilweise stark verschärft werden (z. B. Produktkategorie k „Multicolor-Beschichtungsstoffe", lösemittelbasiert).

Kennzeichnung

Alle „Decopaint"-konformen Materialien müssen ab 2007 von den Herstellern mit bestimmten Informationen auf dem Produktetikett versehen werden.
Das Etikett muss in waagerechter und lesbarer Ausführung Angaben enthalten über …

- den gültigen VOC-Grenzwert der jeweiligen Produktkategorie,
- über den tatsächlichen maximalen VOC-Gehalt des gebrauchsfertigen Produkts (inkl. Härter, Verdünner und Additive) sowie
- über die zugrunde gelegte Produktkategorie.

Ausnahmeregelungen

1. Ausgenommen von den Regelungen der „Decopaint"-Verordnung ist die Beschichtung von Möbeln – hierfür können die bekannten lösemittelbasierten Lacksysteme weiter verwendet werden. Leider ist der Begriff „Möbel" in der „Decopaint"-Verordnung nicht näher erklärt. Unter dem Begriff Möbel sind z. B. Küchen, Schränke, Tische, Bänke, Bad- und Büromöbel, Laden- und Messebau zu verstehen.
2. Ebenfalls ausgenommen von der „Decopaint"-Verordnung sind Restaurierungen und der Unterhalt von Bauwerken, ihren Bauteilen und dekorativen Bauelementen, die als historisch und kulturell besonders wertvoll eingestuft sind.
3. Betriebe mit einer Anlage, die mehr als 5 t Lösemittel verarbeiten, fallen nicht unter die „Decopaint"-Verordnung, sondern in den Geltungsbereich der VOC-Verordnung.

Wasserbasierte Lacksysteme

Die wichtigste Gruppe im Bereich der Produkte nach „Decopaint"-Verordnung werden die wasserbasierten Lacksysteme sein. Sie benötigen zur Filmausbildung nur rund 1/10 der Lösemittelmengen im Vergleich zu lösemittel-basierten Lacksystemen – das sind nur noch rund 8 Gewichtsprozente.

Name: ______________________ **Klasse/Gruppe:** ______________ **Datum:** ______________

Gravierende Umweltveränderungen, vom Menschen verursacht, erfordern auch das Handeln des Handwerkers, um auch in Zukunft eine lebenswerte Welt zu hinterlassen. Organische Lösemittel sind gesundheitsschädlich bei der Aufnahme über die Haut und die Lungen.

Lösen Sie mithilfe der Fachinformation folgende Fragen:

Welche Substanzen sollen durch die Vorgabe reduziert werden?

___

Welche Lacke mit hohem VOC-Gehalt kennen Sie?

___

Welche Auswirkung hat die erste Stufe vom Januar 2007 für den Handwerker?

___

___

Wie müssen Decopaint-konforme Materialien gekennzeichnet sein?

___

Welche Arbeitsbereiche sind von der Decopaint-Verordnung ausgenommen?

___

Welche Alternativen für VOC-haltige Produkte gibt es?

___

Welche Vorteile bieten wasserlösliche Lacke für den Anwender?

___

Name: ______________________ **Klasse/Gruppe:** ______________ **Datum:** ______________

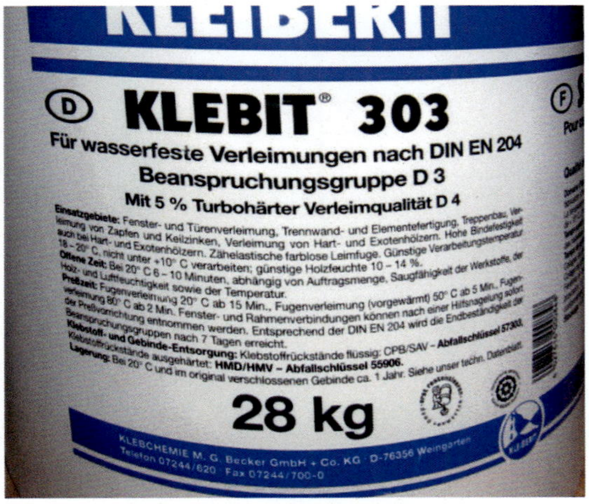

Die Bezeichnung PVAC bedeutet?

____

PVAC-Leime sind physikalisch/~~chemisch~~ härtend

PVAC-Leime können durch Zugabe von ________________ verdünnt werden.

Einsatzgebiete: Fenster, Türen, Treppenbau, Möbel

Bei folgenden Materialien kann der Leim nur eingeschränkt verwendet werden.

Begründen Sie, warum.

Kunststoffbeschichtete Holzwerkstoffe, lackierte Oberflächen	
Verleimen von Ahorn Vollholz	

Folgende Temperaturen müssen eingehalten werden:

Lagerung	
Verleimen	

Die Presszeit beträgt bei 50 °C: 5 min
bei 80 °C: 2 min

Leimdurchschlag kann mit ________________ entfernt werden.

Name: Klasse/Gruppe: Datum:

keimfix Heißpressenleim
KFUF 5001

Produktbeschreibung
keimfix Heißpressenleim KFUF 5001 ist ein fertig konfektioniertes selbsthärtendes Leimpulver auf Harnstoff-Formaldehyd-Basis für Heißpressungen. keimfix Heißpressenleim KFUF 5001 zeichnet sich durch seine niedrige Formaldehydabgabe (E1), durch seine sehr geringe Neigung zum Durchschlagen und eine weiche Leimfuge aus. Mit keimfix Heißpressenleim KFUF 5001 durchgeführte Furnierarbeiten erfüllen die Beanspruchungsgruppe C2 nach EN 12765.

Anwendungsbereich
keimfix Heißpressenleim KFUF 5001 wird für Heißverleimung von Furnieren und Folien im Temperaturbereich von 70–140 °C auf handelsüblichen Holzwerkstoffen im Innenbereich verwendet, insbesondere dann, wenn die Furnierarbeiten der Emissionsklasse E1 entsprechen sollen.

Auftragsmethoden
keimfix Heißpressenleim KFUF 5001 lässt sich mit den allgemein gebräuchlichen Auftragsgeräten gut verarbeiten.

Verarbeitungsparameter

Werkstoff-, Umgebungs- und Leimtemperatur	15–20 °C
Holzfeuchtigkeit	8–12 %
Leimauftragsmenge Furnier auf Spanplatte	100–150 g/m^2
Leimauftragsmenge Folie auf Spanplatte	60–100 g/m^2
Offene Zeit	ca. 20 Minuten
Einlegezeit bei 100 °C	1,5–2 Minuten
Pressdruck	0,2–0,6 N/mm^2 (2–6 kg/cm^2)
Presstemperatur	70–140 °C
Verarbeitungszeit der Leimflotte	20 °C = 4–5 Std.; 25 °C = 3–4 Std.; 30 °C = 2 Std.

Presszeiten

Presstemperatur	Presszeit	Durchwärmzeit bei dicken Furnieren und Kunststoffplatten
70 °C	9 min	+ 2 min pro mm
80 °C	5 min	+ 2 min pro mm
90 °C	3,5 min	+ 1 min pro mm
100 °C	2 min	+1 min pro mm
110 °C	1,5 min	+ 0,5 min pro mm
120 °C	1 min	+ 0,5 min pro mm

Bei den angegebenen Presszeiten wurde die Durchwärmung von Holzfurnieren bis ca. 0,7 mm Dicke bereits berücksichtigt. Beim Verleimen von dickeren Furnieren oder Kunststoffplatten ist eine Presszeitverlängerung lt. obiger Tabelle nötig.
Bei fetthaltigen Furnierarten wie z. B. Teak oder Palisander möglichst 80 °C nicht überschreiten. Werkstücke fett- und staubfrei halten.

Name: Klasse/Gruppe: Datum:

Besondere Hinweise

- Alle Produkt- und Verarbeitungsparameter gelten für Normalbedingungen (20 °C und 65 % rel. Luftfeuchte) und können je nach Auftragsmenge und Verarbeitungsbedingungen von den angegebenen Werten abweichen.
- Material kühl und trocken lagern. Bei Entnahme einer Teilmenge ist der Plastikbeutel sofort wieder dicht zu verschließen.
- keimfix Heißpressenleim KFUF 5001 kann nach Bedarf mit 0,5 % Zweihorn Pulverbeize OW/Farbton oder bis zu 5 % Beizextrakt BXF/Farbton eingefärbt werden. Achtung: Bei zu hoher Dosierung kann sich die Klebfestigkeit ändern! Bitte unbedingt Probeverleimung vornehmen.
- Arbeitsgeräte nach Gebrauch mit Wasser reinigen.
- Harnstoff-Formaldehydleime können Spuren an Formaldehyd freisetzen, welche bei empfindlichen Personen zu Reizerscheinungen an Haut und Schleimhäuten führen können. Wir empfehlen daher bei der Verarbeitung eine gute Belüftung und/oder die Installation entsprechender Absaugvorrichtungen über den Heißpressen.
- Bei manchen Holzarten kann es zu Benetzungsschwierigkeiten kommen, so dass das Furnier nach dem Pressvorgang leicht abgezogen werden kann. Kritisch sind vor allem Holzarten wie Birke, Ahorn, Teak, Kiefer, da sie den Leim schlechter aufnehmen. Bei diesen Furnieren empfehlen wir eine Zugabe von ca. 10–30 % Weißleim keimfix BL zur Flotte.
- Wir empfehlen generell eine Probeverleimung mit anschließendem Abzugsversuch der Furniere vor Beginn der Arbeiten.

(Quelle: www.zweihorn.de)

Name: ____ **Klasse/Gruppe:** ____ **Datum:** ____

Klären Sie folgende Punkte mithilfe des Datenblattes.

Einsatzgebiet: ____________________

____

Emissionsklasse: ____________________

Presstemperatur: ____________________

Verarbeitungstemperatur für Raum- und Werkstoff: ____________________

max. Holzfeuchte: ____________________

Pressdruck: ____________________

Topfzeit: ____________________

Presszeit bei 90 °C: ____________________

Vorsichtsmaßnahme bei fetthaltigen Hölzern: ____________________

Vorbereiten der Flächen: ____________________

Lagerung: ____________________

Kritische Holzarten: ____________________

Empfehlung für die Vorbereitung: ____________________

Enternung von Leimdurchschlägen: ____________________

Name: ____________ **Klasse/Gruppe:** ____________ **Datum:** ____________

Produktdaten

Gebindegrößen	25 kg (5 Kunststoffbeutel je 5 kg)
Schüttdichte	ca. 600 kg/m^3
pH-Wert	schwach sauer
Haltbarkeit in verschlossenem Originalgebinde	ca. 8 Monate
Gefahrenklasse nach ADR/RID	entfällt

Weitere Hinweise entnehmen Sie bitte dem Sicherheitsdatenblatt gemäß 91/115/EWG, welches Sie auf der Internetseite „www.zweihorn.com" finden.

Reinigung

Bei noch feuchtem Film kann die Reinigung mit Wasser erfolgen. Bereits getrocknete Filme lassen sich nur mechanisch entfernen.

Ansetzen der Leimflotte

Händischer Auftrag Spachtel, Roller	nach Gewicht	5 kg keimfix UF 5001 + 3 Liter Wasser
	nach Volumen	3 Teile keimfix UF 5001 + 1 Teil Wasser
Maschineller Auftrag	nach Gewicht	5 kg keimfix UF 5001 + 3,5 Liter Wasser
	nach Volumen	2,5 Teile keimfix UF 5001 + 1 Teil Wasser

Es ist darauf zu achten, dass das Pulver zu einer glatten, klumpenfreien Flotte verrührt wird. Nach einer Reifezeit von 15 Minuten nochmals gründlich aufrühren.

Leimmengenberechnung

Bearbeiten Sie mithilfe der Datenblätter:

Leimauftragsmenge
für Spanplatten: ____________________

Der Leim härtet physikalisch/chemisch aus.

Berechnen Sie die Leimmenge für beidseitiges Furnieren von 20 m^2 Spanplatte (150 g/m^2).

____

Berechnen Sie das Gewicht des Wassers und des Leimpulvers.

Name: **Klasse/Gruppe:** **Datum:**

Im Bild dargestellt ist der Vertikalschnitt durch einen Schrank in Plattenbauweise. Der Korpus besteht aus 22 mm dicken Flachpressplatten, die überfurniert sind (Fertigdicke: 23 mm).
Die Seiten gehen bis zum Boden durch, vorne ist ein Sockel angebracht.
Die gewünschte Höhe des Schrankes beträgt ca. 2,35 m, die gewünschte Tiefe ca. 620 mm.
Bestimmen Sie die gekennzeichneten Maße. Der Schrank soll im „System 32" geplant werden.

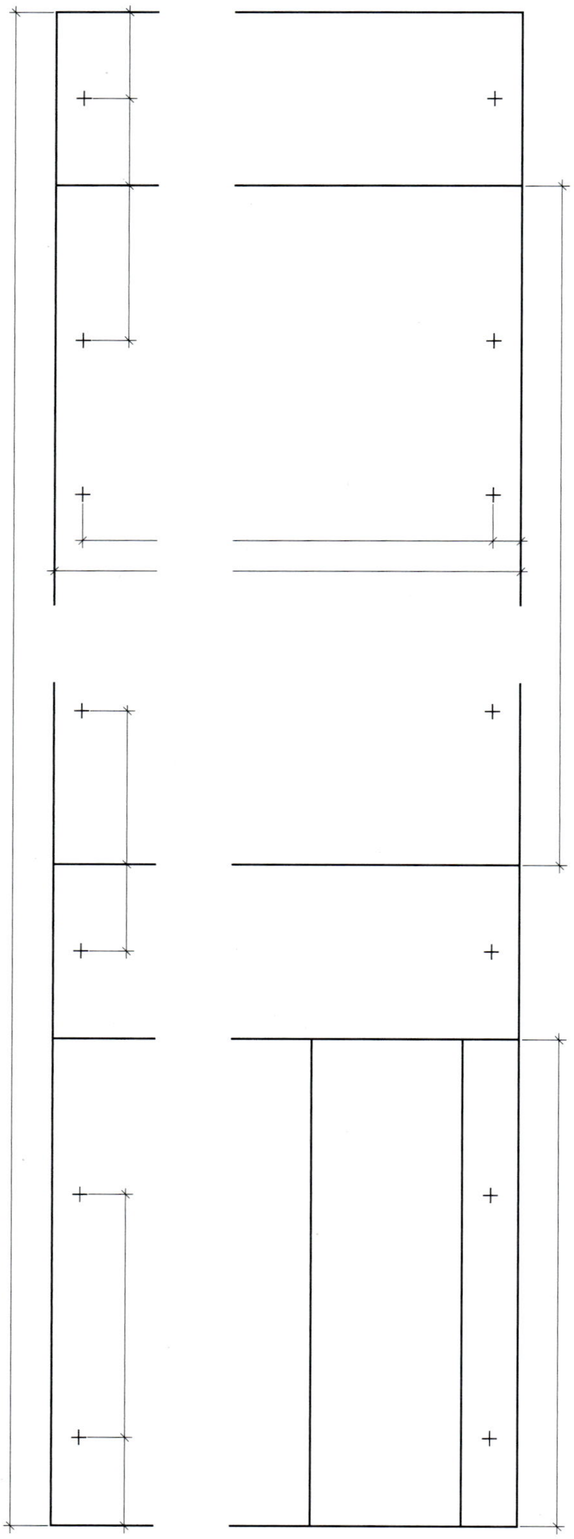

Name: ______________________ Klasse/Gruppe: ______________________ Datum: ______________________

Auswahl des Kreissägeblattes

	Angabe	Zahnform	Einsatzgebiet
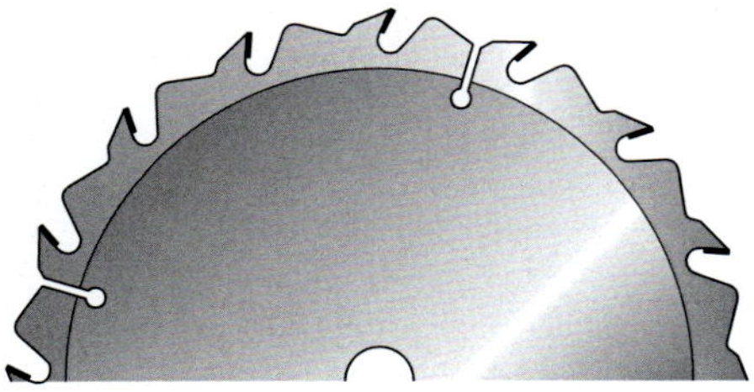	HM-Flachzahn	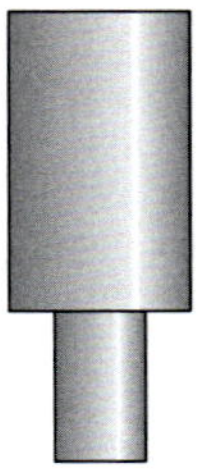	
	HM-Wechsel-zahn		
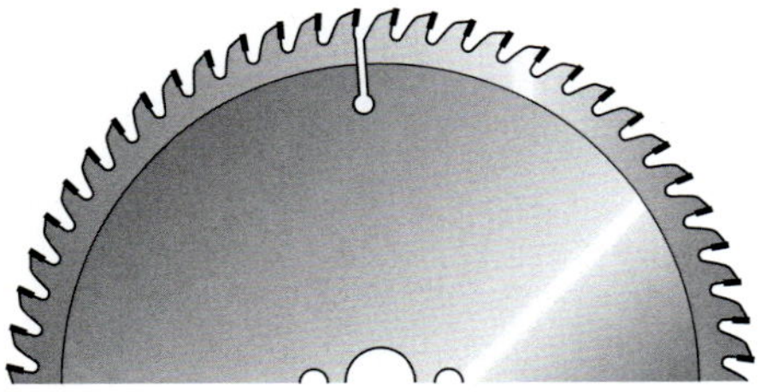	HM-Wechsel-zahn		
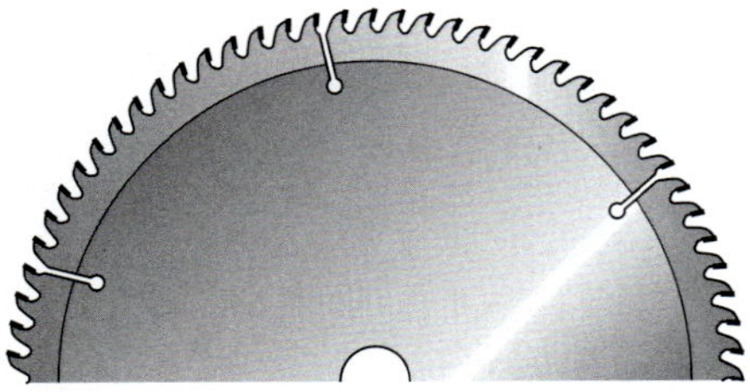	HM-Trapez-flachzahn		

Worauf ist bei der Auswahl des Sägeblattes zu achten?

____

____

Darf ein Fräswerkzeug auf der Kreissäge verwendet werden?

____

Name: ____ Klasse/Gruppe: ____ Datum: ____

Schneidengeometrie

Die Schnittgüte ist von vielen Vorgaben abhängig.

	Der Spanwinkel hat Einfluss auf:
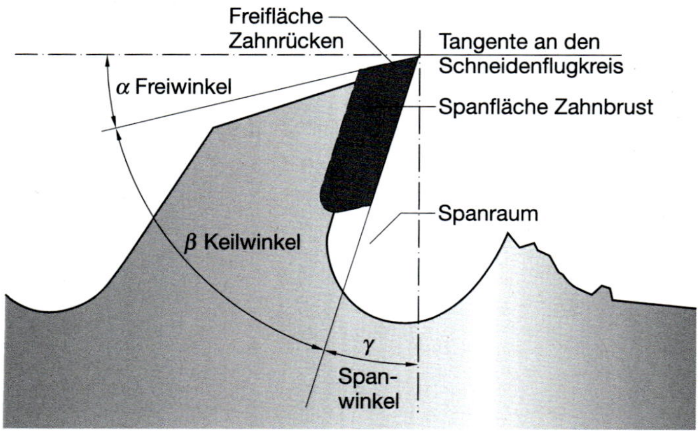	____ ____ ____ ____ ____ ____ ____ ____

Kreissägeblätter mit großem Spanwinkel für das Schneiden ____________ Faserrichtung verwenden.

Kreissägeblätter mit kleinem Spanwinkel für das Schneiden ____________ zur Faserrichtung und von Holzwerkstoffen verwenden.

Spaltkeil

Welche Stärke soll der Spaltkeil an der Kreissäge haben?

Der Spaltkeil darf nicht ____________ als die Schnittfugenbreite und nicht ____________ als der Sägeblattgrundkörper sein.

Einstellen des Spaltkeils

Tragen Sie die erforderlichen Maße ein.

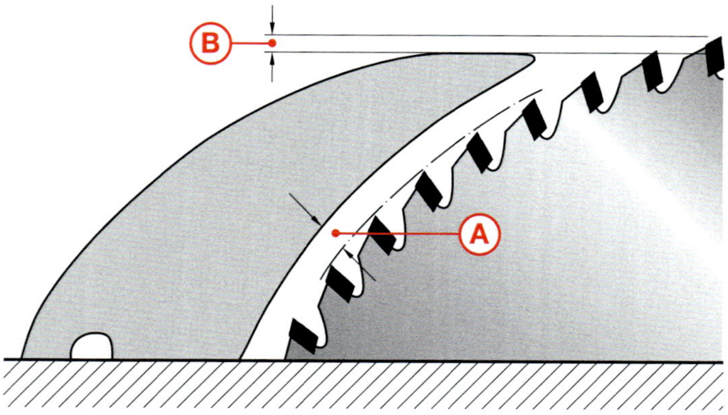

A) ____________

B) ____________

Name: **Klasse/Gruppe:** **Datum:**

Es soll ein Rahmenteil mit der Kreissäge abgesetzt werden. Die Schlitze wurden an der Fräse vorgearbeitet. Zeichnen Sie in die untere Zeichnung ein, wie die Kreissäge gerüstet werden muss.

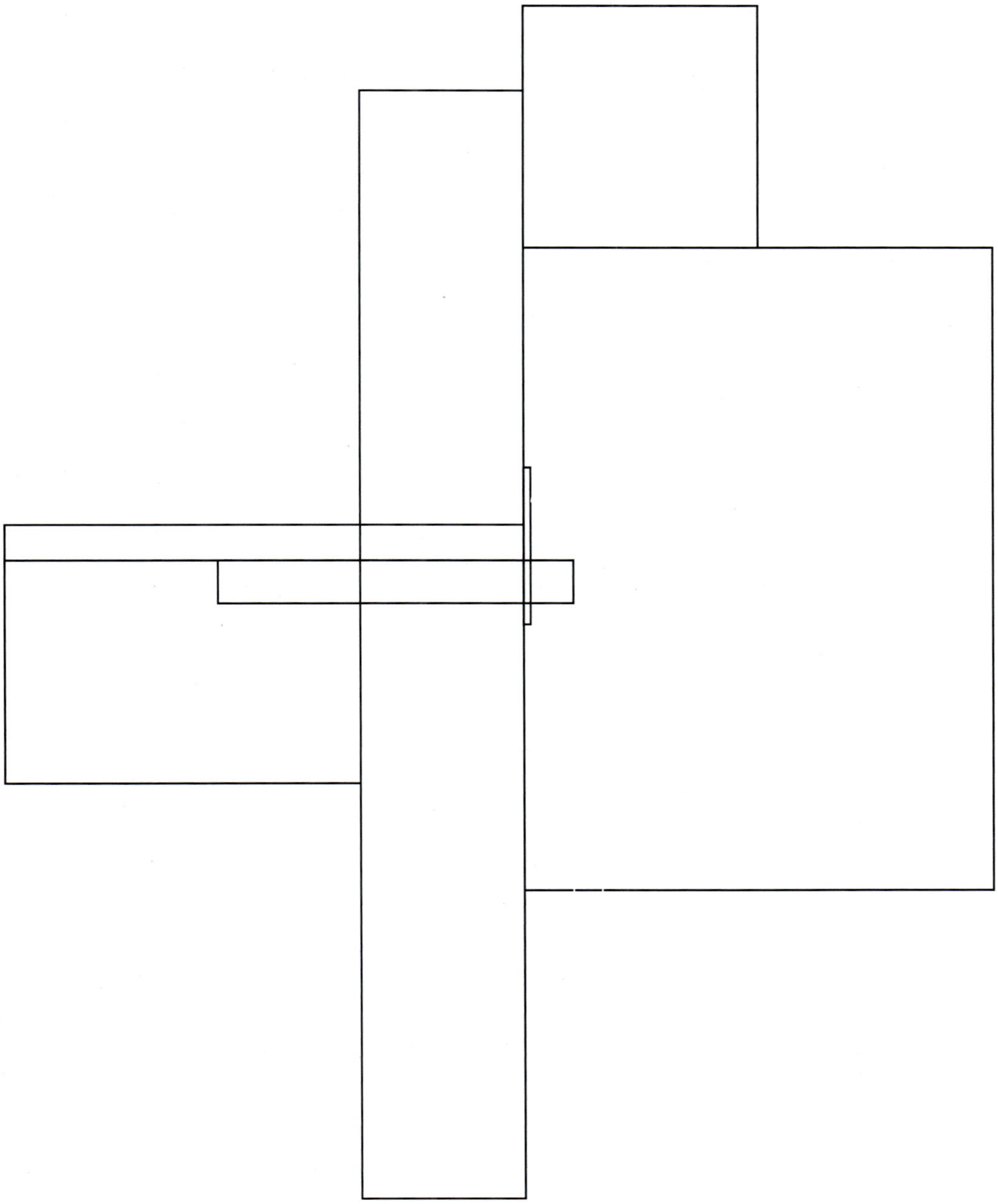

Name: **Klasse/Gruppe:** **Datum:**

Wie ist eine Kreissäge für das Schneiden von schmalen Leisten zu rüsten?
Ergänzen Sie die Zeichnung mit allen wichtigen Angaben.

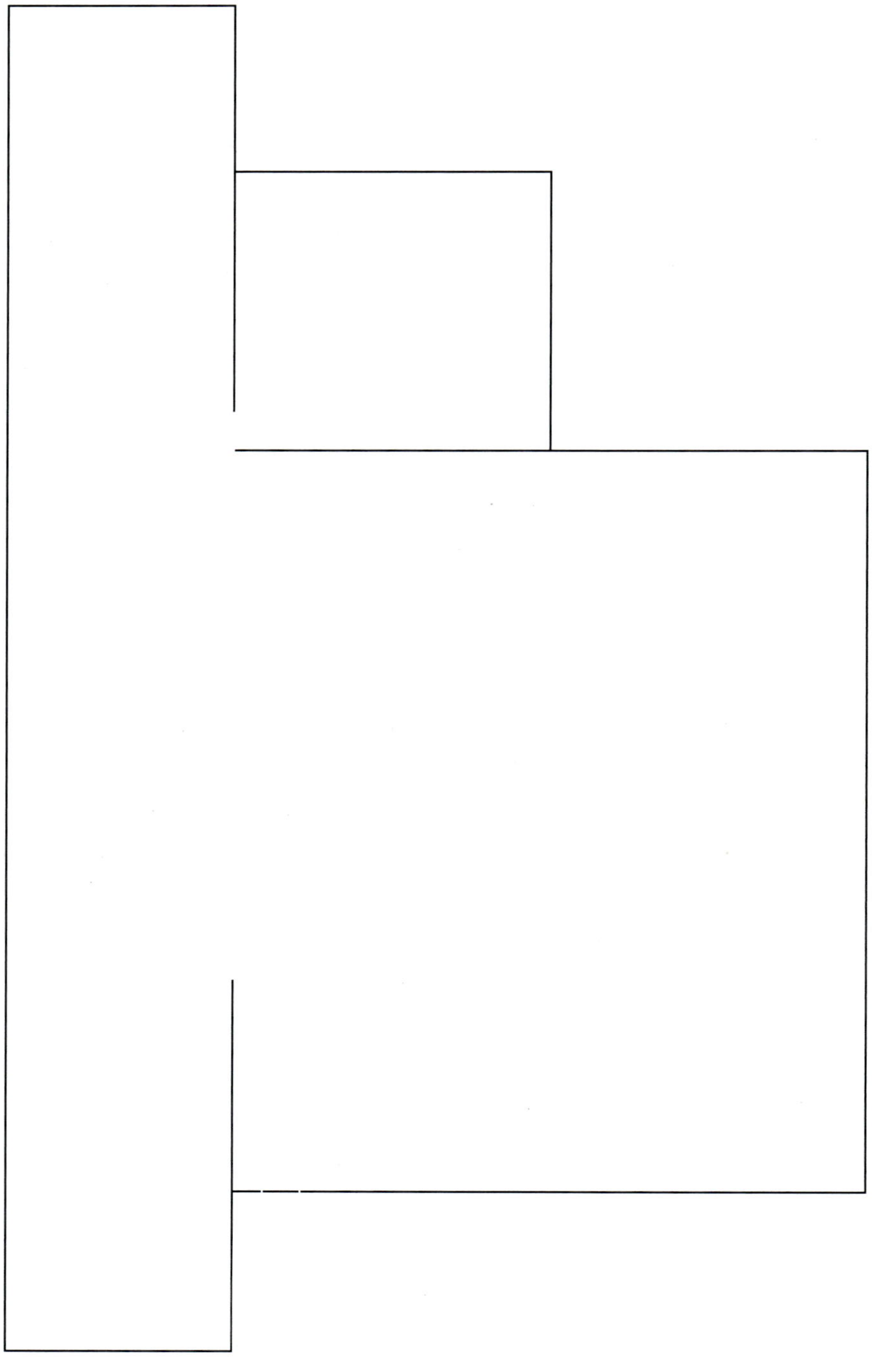

Name: **Klasse/Gruppe:** **Datum:**

Fräswerkzeuge für die Tischfräse müssen gekennzeichnet sein. Sie finden folgende Angaben auf den Fräsköpfen. Welche davon sind für den Handvorschub geeignet?
Kreuzen Sie an.

BG-PRÜFZERT HO 123456 Sicherheit geprüft tested safety BG-TEST 123-456	BG-TEST 123-123	MAN	kein Aufdruck

Welche weiteren Kennzeichnungen müssen noch auf dem Werkzeug vorhanden sein?

Beschreiben Sie die Folgen des Unter- oder Überschreitens des zulässigen Drehzahlbereichs.

Drehzahl unterschreiten	
Drehzahl überschreiten	

Auch das Arbeiten mit Vorschubapparat und Schiebeschlitten der Kreissäge zählt als ______________.

Kreissägeblätter dürfen nur für Spezialarbeiten, z. B. zum Auftrennen von Hohlkörpern, unter Verwendung von Spannflanschen verwendet werden.

Name: **Klasse/Gruppe:** **Datum:**

Bei genauerer Betrachtung von maschinell gehobelten Flächen sind feine Wellen quer zur Vorschubsrichtung sichtbar.

Form und Größe des Messerschlagbogens sind von verschiedenen Faktoren abhängig.

Benennen Sie die Möglichkeiten der Verkleinerung des Messerschlagbogens.

Faktoren	Veränderungen
Vorschubgeschwindigkeit	
Anzahl der Schneiden	
Rundlaufgenauigkeit	
Maschinendrehzahl	
Durchmesser des Werkzeugs	
Vorschubart, Hand-/teilmechanischer Vorschub	

Je kleiner der Messerschlagbogen *e*, desto ____________ ist die Oberfläche.

Name: **Klasse/Gruppe:** **Datum:**

1. Ergänzen Sie die Formel für die Berechnung des Zahnvorschubs f_z.

Zahnvorschub [mm]= $\left[\frac{\qquad}{\qquad}\right]$

f_z =

2. Wie groß ist der Zahnvorschub, wenn sich das Werkzeug mit 9000 1/min Umdrehungen dreht? Das Werkzeug hat zwei Schneiden, die Vorschubgeschwindigkeit beträgt 5 m/min.

3. Für eine besonders feine Oberfläche soll der Messerschlagbogen nur max. 0,2 mm betragen. Das Fräswerkzeug hat 4 Schneiden, die Drehzahl ist 6000.
Berechnen Sie die einzustellende Vorschubgeschwindigkeit.

Name: **Klasse/Gruppe:** **Datum:**

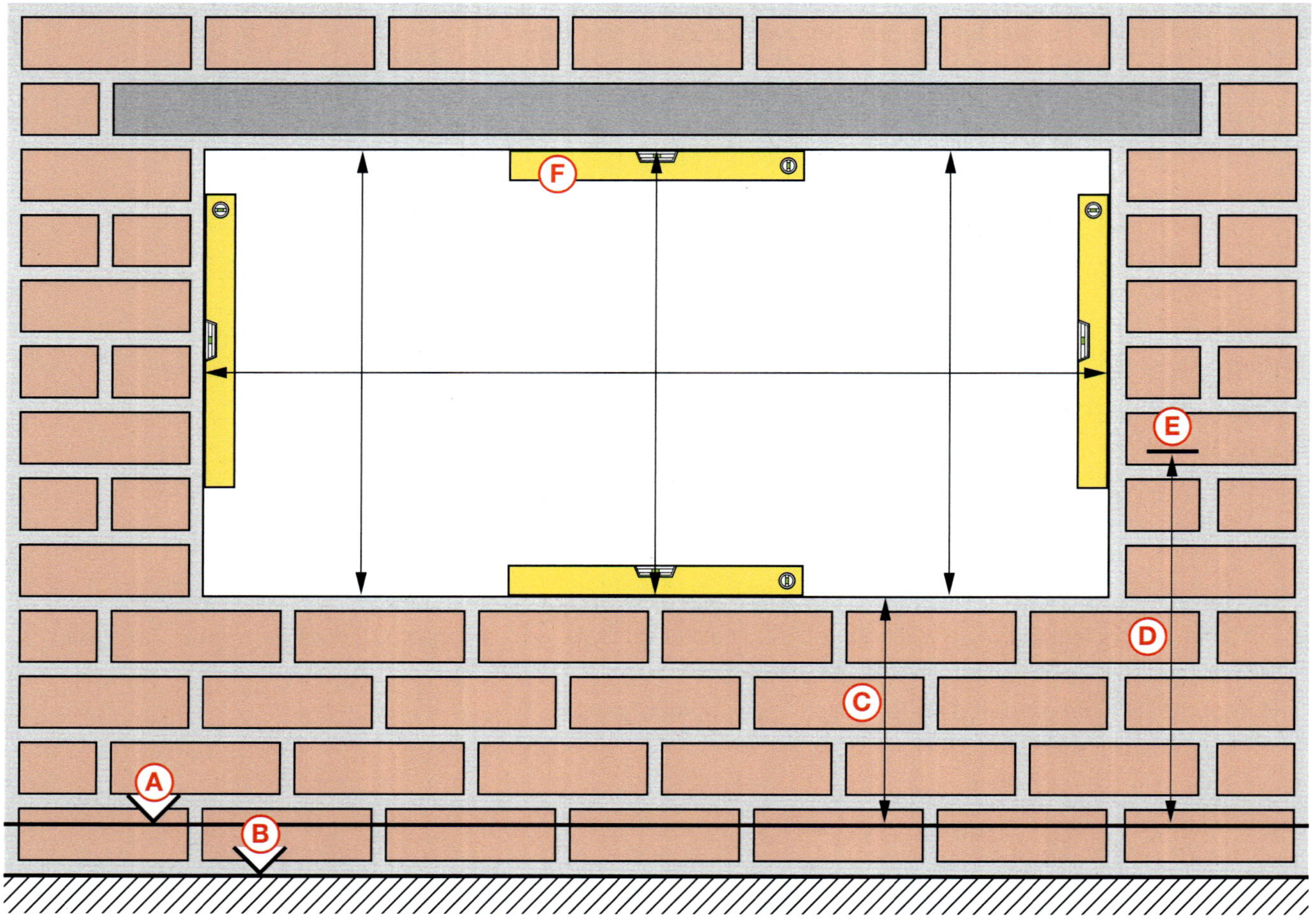

Benennen Sie folgende Platzhalter in der Zeichnung:

A	
B	
C	
D	
E	
F	

Name: ____ **Klasse/Gruppe:** ____ **Datum:** ____

Ergänzen Sie die Sätze.

Für die Einhaltung der dargestellten Maße und die Markierung des Meterrisses ist der ________________ verantwortlich.

Der Meterriss ist normalerweise in allen Räumen in ______________________nähe angebracht.

Falls nicht, kann er mithilfe einer ______________________ in andere Räume übertragen werden.

Der Meterriss ist eine Markierung, die genau ____________ über der Oberfläche des

____________________________ liegt. Er muss in jeder Etage vorhanden sein.

Beschreiben Sie die Maßangaben.

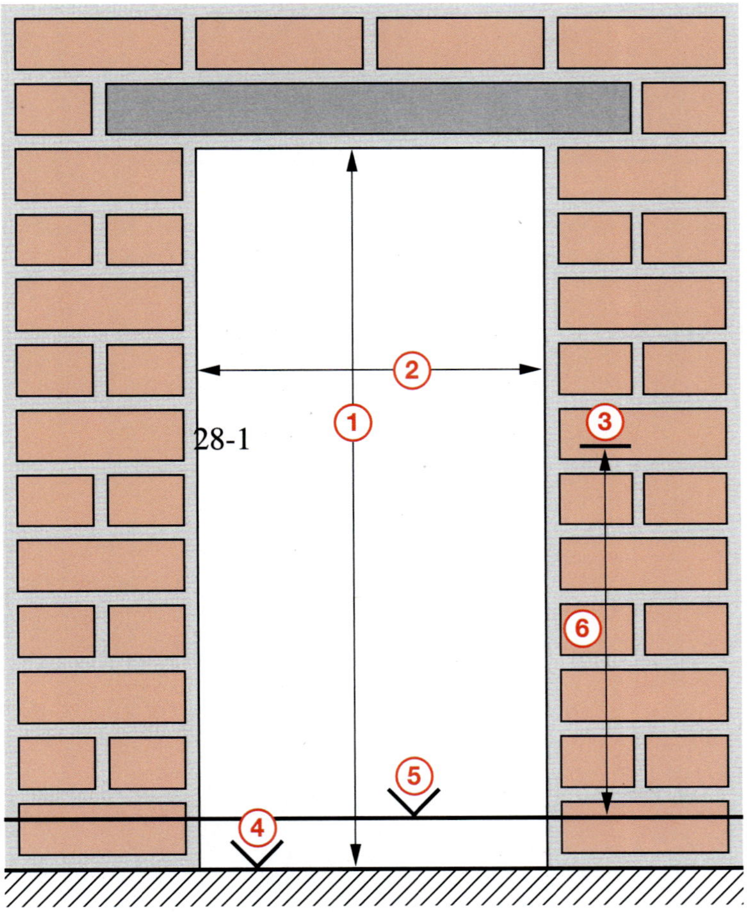

____

____

____

____

____

____

____

Name: **Klasse/Gruppe:** **Datum:**

Für einen Dachausbau wurden folgende Maße gemessen:
Breite 7 m, Länge der Dachschräge 4,74 m

Berechnen Sie – die Raumhöhe in m,
– den Winkel,
– die Wandfläche in m^2.

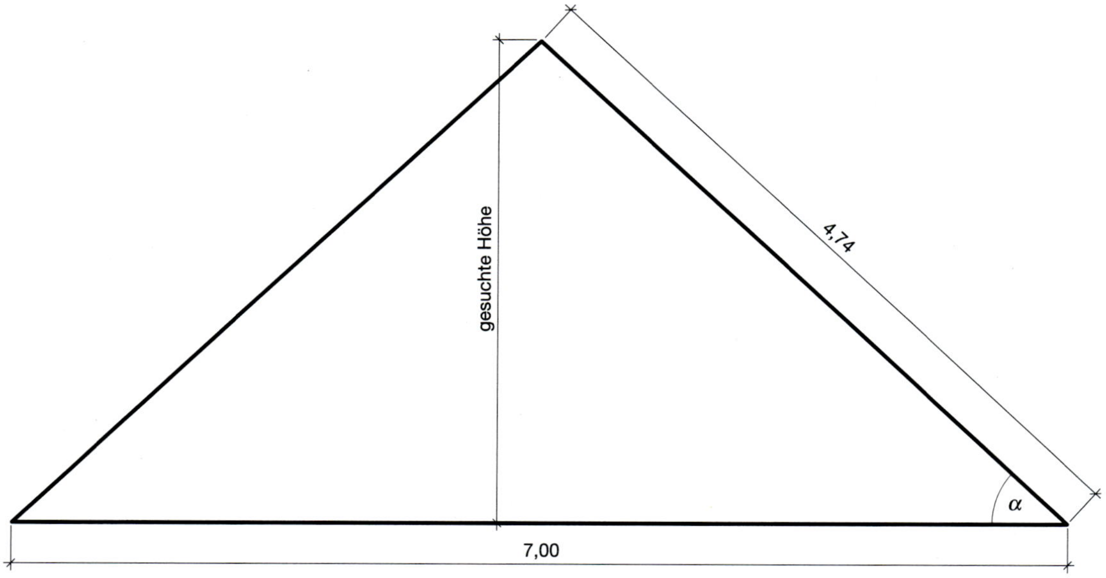

Ges.: a) Raumhöhe *h*
b) Winkel α
c) Gesamtfläche *A*

Lös.:

Name: **Klasse/Gruppe:** **Datum:**

Der Unternehmer ist durch die VOB gefordert, Maße am Bau zu nehmen.
Vor dem Maßnehmen sind zu prüfen (Ergänzen Sie!):

Maueröffnungen

Wände

Laibungen

Meterriss

Fußböden

Kontrollieren Sie den Winkel.

Der rechte Winkel eines Raumes soll mithilfe eines Gliedermaßstabs kontrolliert werden.
Erklären Sie mit einer Skizze und Angabe der erforderlichen Maße das Vorgehen.

Name: **Klasse/Gruppe:** **Datum:**

Der Schreiner hat mehrere Messwerkzeuge zur Verfügung. Benennen Sie diese und ihre Funktion.

	Name	Funktion

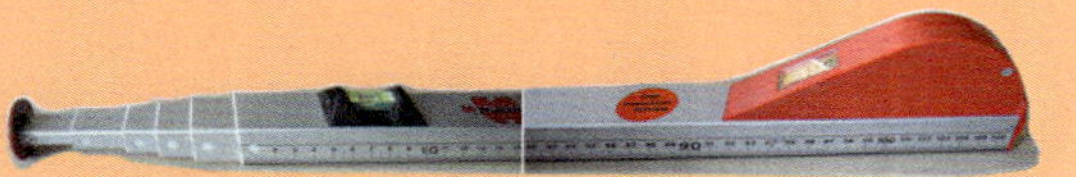		

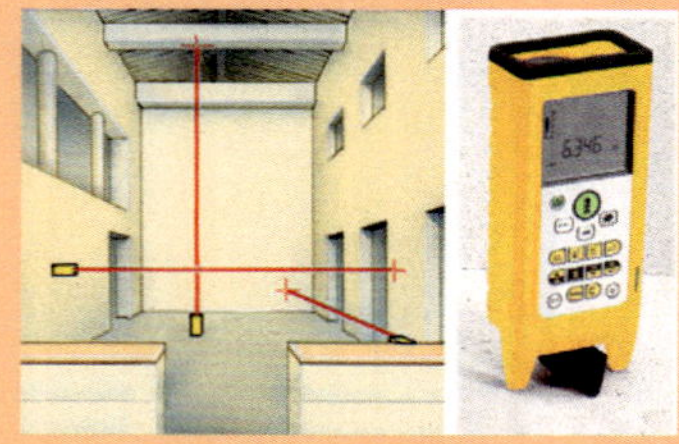		

Name: **Klasse/Gruppe:** **Datum:**

Die Nichtbeachtung des Taupunktes kann zu schweren Schäden am Gebäude führen.

Lufttemp. ϑ °C	Taupunkttemperatur ϑ_S[1] in °C bei einer relativen Luftfeuchte von													
	30 %	**35 %**	**40 %**	**45 %**	**50 %**	**55 %**	**60 %**	**65 %**	**70 %**	**75 %**	**80 %**	**85 %**	**90 %**	**95 %**
30	10,6	12,9	14,9	16,8	18,4	20,0	21,4	22,7	23,9	25,1	26,2	27,2	28,2	29,1
29	9,7	12,0	14,0	15,9	17,5	19,0	20,4	21,7	23,0	24,1	25,2	26,2	27,2	28,1
28	8,8	11,1	13,1	15,0	16,6	18,1	19,5	20,8	22,0	23,2	24,2	25,2	26,2	27,1
27	8,0	10,2	12,2	14,1	15,7	17,2	18,6	19,9	21,1	22,2	23,3	24,3	25,2	26,1
26	7,1	9,4	11,4	13,2	14,8	16,3	17,6	18,9	20,1	21,2	22,3	23,3	24,2	25,1
25	6,2	8,5	10,5	12,2	13,9	15,3	16,7	18,0	19,1	20,3	21,3	22,3	23,2	24,1
24	5,4	7,6	9,6	11,3	12,9	14,4	15,8	17,0	18,2	19,3	20,3	21,3	22,3	23,1
23	4,5	6,7	8,7	10,4	12,0	13,5	14,8	16,1	17,2	18,3	19,4	20,3	21,3	22,2
22	3,6	5,9	7,8	9,5	11,1	12,5	13,9	15,1	16,3	17,4	18,4	19,4	20,3	21,1
21	2,8	5,0	6,9	8,6	10,2	11,6	12,9	14,2	15,3	16,4	17,4	18,4	19,3	20,2
20	1,9	4,1	6,0	7,7	9,3	10,7	12,0	13,2	14,4	15,4	16,4	17,4	18,3	19,2
19	1,0	3,2	5,1	6,8	8,3	9,8	11,1	12,3	13,4	14,5	15,5	16,4	17,3	18,2
18	0,2	2,3	4,2	5,9	7,4	8,8	10,1	11,3	12,5	13,5	14,5	15,4	16,3	17,2
17	–0,6	1,4	3,3	5,0	6,5	7,9	9,2	10,4	11,5	12,5	13,5	14,5	15,3	16,2
16	–1,4	0,5	2,4	4,1	5,6	7,0	8,2	9,4	10,5	11,6	12,6	13,5	14,4	15,2
15	–2,2	–0,3	1,5	3,2	4,7	6,1	7,3	8,5	9,6	10,6	11,6	12,5	13,4	14,2
14	–2,9	–1,0	0,6	2,3	3,7	5,1	6,4	7,5	8,6	9,6	10,6	11,5	12,4	13,2
13	–3,7	–1,9	–0,1	1,3	2,8	4,2	5,5	6,6	7,7	8,7	9,6	100,5	11,4	12,2
12	–4,5	–2,6	–1,0	0,4	1,9	3,2	4,5	5,7	6,7	7,7	8,7	9,6	10,4	11,2
11	–5,2	–3,4	–1,8	–0,4	1,0	2,3	3,5	4,7	5,8	6,7	7,7	8,6	9,4	10,2
10	–6,0	–4,2	–2,6	–1,2	0,1	1,4	2,6	3,7	4,8	5,8	6,7	7,6	8,4	9,2

Entnehmen Sie folgende Daten aus der Tabelle.

Die Sättigungsmenge, die relative Luftfeuchte von 100 % beträgt bei

Temperatur	Sättigungsmenge (g/m³)
– 10 °C	
0 °C	
+ 10 °C	
+ 20 °C	
+ 30 °C	

Zur Vermeidung von Tauwasserschäden legt die DIN 4108-3 folgende vereinfachte Annahmen für die Berechnung im Winter zugrunde.

Außenklima: –10 °C, 80 % relative Luftfeuchte
Innenklima: 20 °C, 50 % relative Luftfeuchte
Dauer: 60 Tage

Name: **Klasse/Gruppe:** **Datum:**

Wegen steigender Ölpreise und steigender CO_2-Belastung der Umwelt wird durch die Bundesregierung die Isolierung von Bauwerken finanziell gefördert. Bei nachträglicher Isolierung an Altbauten ergeben sich zwei praktikable Möglichkeiten: die Innen- und die Außendämmung.

Geben Sie unten die Vor- und Nachteile der jeweiligen Lösung an und deren Einsatzgebiete.

	Innendämmung	**Außendämmung**
	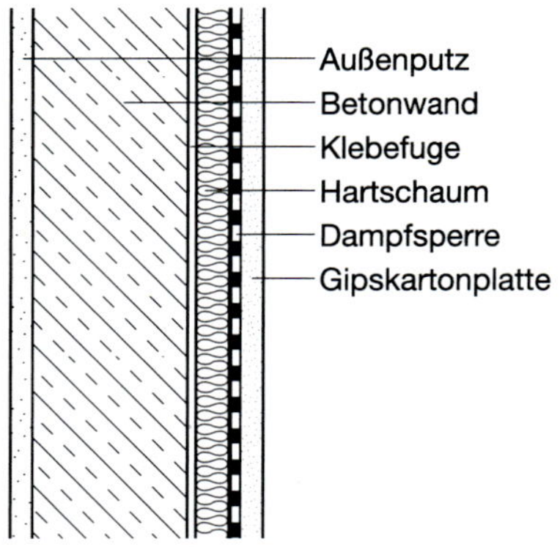	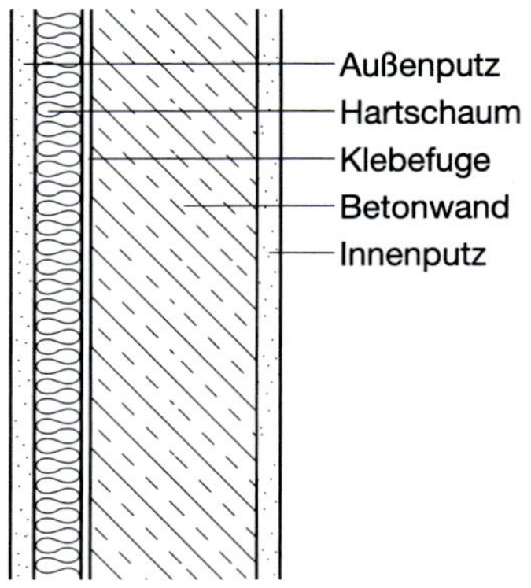
Einsatzgebiete		
Vorteile		
Nachteile		

Name: **Klasse/Gruppe:** **Datum:**

Die Konstruktion von Einbauschränken erfordert besondere Sorgfalt:

Beschreiben Sie die möglichen Schäden, die durch unsachgemäße Konstruktion entstehen können.

Welche Maßnahmen müssen ergriffen werden, um eine Schädigung zu vermeiden?

Schränke, z. B. Küchenschränke, die an Außenwände gestellt werden, verändern die Isothermen einer Wand. Skizzieren Sie in die Zeichnung unten den möglichen Verlauf der 10° Isotherme.

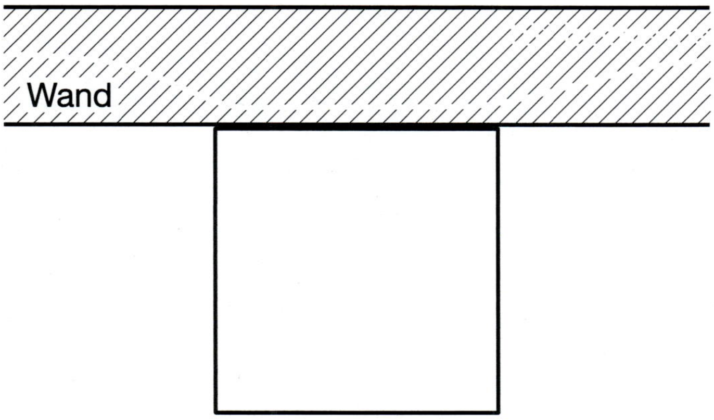

Welche Möglichkeiten gibt es, eine mögliche Tauwasserbildung zu verhindern?

Name: **Klasse/Gruppe:** **Datum:**

Trennende Bauteile: $R_{w,R}$ Holzständerwände
Rechenwerte der bewerteten Schalldämm-Maße $R_{w,R}$

Technische Daten					Schallschutz		Nachweis
System	Maße in mm Holzständer D	Maße in mm Holzständer h	Beplankung Art	Beplankung Dicke d	Dämmschicht[2] Nenndicke mm	$R_{w,R}$[1] dB	
W121 Holzständerwand – einlagig beplankt	85 105	60 80	GKB oder GKF	12,5	**40**	37	Knauf Prüfbericht SW00086
	85	60	**KNAUF Piano Schallschutzplatten**			39	
W122 Holzständerwand – zweilagig beplankt	110 130	60 80	GKB oder GKF	2 x 12,5	**40**	41	Knauf Prüfbericht SW00086
					60	43[3]	Knauf Prüfbericht 006/2002
	110	60	**KNAUF Piano Schallschutzplatten/Diamant**				
W125 Holzdoppelständerwand – zweilagig beplankt	175 215	125 (2 x 60) 165 (2 x 80)	GKB oder GKF	2 x 12,5	**2 x 40**	59	Knauf Prüfbericht SW00086
	175	125 (2 x 60)	**KNAUF Piano Schallschutzplatten/Diamant**			60	Knauf Prüfbericht 006/2002
W551 Holztafelbau-Außenwand[4]	190,5 217,5	≥ 160 ≥ 160	Diamant oder GKF/GKFI	12,5 (außen) 18 (innen)	**≥ 160** **≥ 160**	41 ≥ 52	Knauf Untersuchungsbericht-Nr. L 004-08.07
(mit Federschienen)							
W553 Holztafelbau-Gebäudeabschlusswand (mit Federschiene)	171	≥ 90	GKF GKFI	2 x 18 (außen) 18 (innen)	**≥ 60**	52 70	Prüfbericht-Nr. P-BA 169/1999
Gesamtkonstruktion 2 Gebäudeabschlusswände							
W553 Holztafelbau-Gebäudeabschlusswand plus	130 145	≥ 85	Diamant	2 x 15 (außen) 15 (innen) 2 x 15 (außen) 2 x 15 (innen)	**≥ 85**	65 69	iff Rosenheim 17230264/V03 iff Rosenheim 17230264/V03
(mit Federschienen)							
W555 Holztafelbau-Innenwand	137	≥ 80	Diamant	15	**≥ 60**	≥ 53	Knauf Untersuchungsbericht-Nr. SW 02087
(mit Federschienen)							
W555 Holztafelbau-Wohnungstrennwand	189	≥ 90	Diamant	2 x 15	**≥ 60**	≥ 60	Knauf Untersuchungsbericht-Nr. SW 02087
(mit Federschienen)							

[3] Diamant: Platte in Platte geklammert – 47 dB
[4] Der Wetterschutz kann einen positiven Einfluss auf den Schallschutz haben.

Name: **Klasse/Gruppe:** **Datum:**

Erarbeiten Sie und vervollständigen Sie die Zeichnung unten in Holzständerbauweise mit erhöhtem Schallschutz (W125).

Geben Sie folgende Werte an:

Ständerabstand:

Ständerdimension:

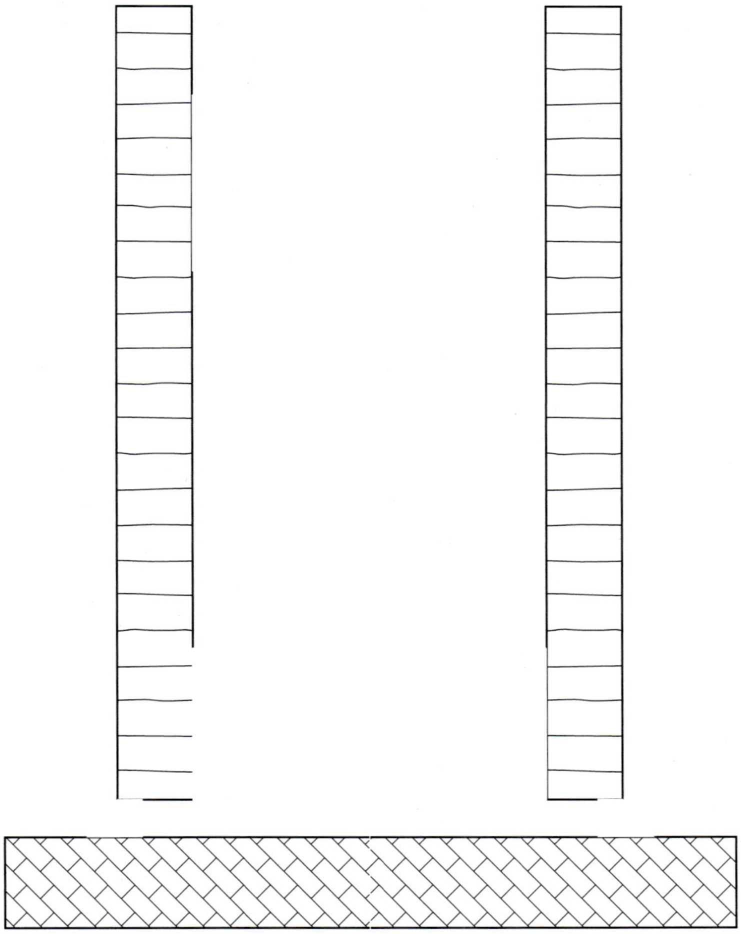

Name: ______ **Klasse/Gruppe:** ______ **Datum:** ______

Bei Verkleidungen/Vertäfelungen sind sowohl gestalterische als auch bautechnische Bedingungen zu berücksichtigen. Beantworten Sie folgende Fragen.

Welche bautechnischen Bedingungen sind zu berücksichtigen?

______

______

______

Vervollständigen Sie folgende Zeichnung unter besonderer Berücksichtigung der Hinterlüftung.
Vorgabe: Vollholzverbretterung mit Nut und Feder senkrecht angebracht

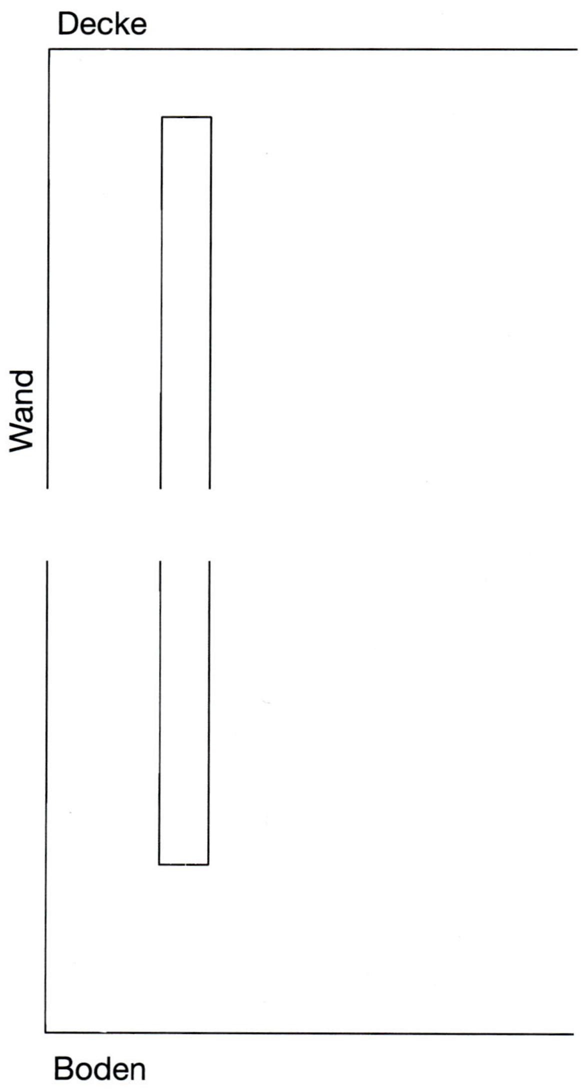

Name: **Klasse/Gruppe:** **Datum:**

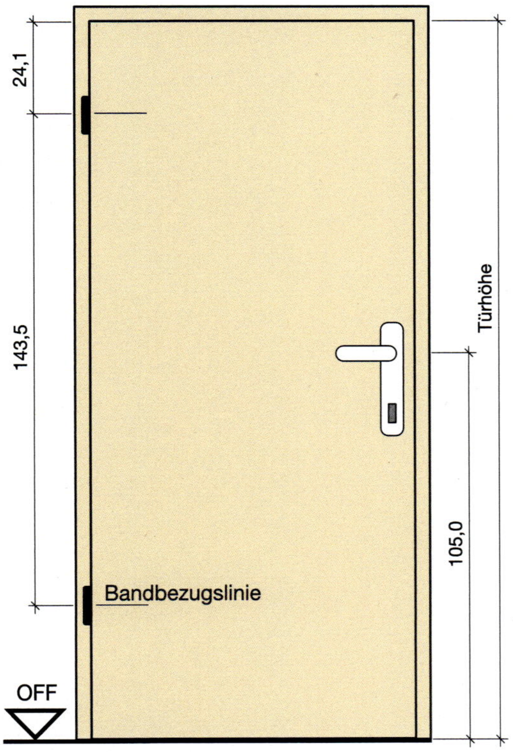

Zimmertüren sind genormt.
Der Abstand vom Boden OFF bis zur Griffhöhe beträgt ______________ mm.

Das Maß kann nur in Ausnahmefällen abgeändert werden, z. B. für Rollstuhlfahrer.

Der Abstand Oberkante Türblatt bis Mitte oberes Band beträgt ______________ mm.

Der Abstand Band zu Band beträgt ______________ mm.

Die Falzmaße sind auch genormt:
Sie sind ______________ mm.

Wandöffnungen und die dazugehörigen Außenmaße

	Rohbaurichtmaß		Türblattaußenmaß		
Kennnr.	Breite	Höhe	Breite	Höhe	+ 0 – 2 mm
7x15	875	1875			
5x16	625	2000			
6x16	750	2000			
7x16	875	2000			
DIN 18101					

Die Rohbautüröffnung beträgt in der Breite 625 mm und in der Höhe 2000 mm. Wie groß ist das Türblatt zu bestellen?

Kennnr.: ______________

Außenmaß: ______________

Name: **Klasse/Gruppe:** **Datum:**

Vervollständigen Sie den Schnitt durch eine Futtertür im Maßstab 1 : 1.

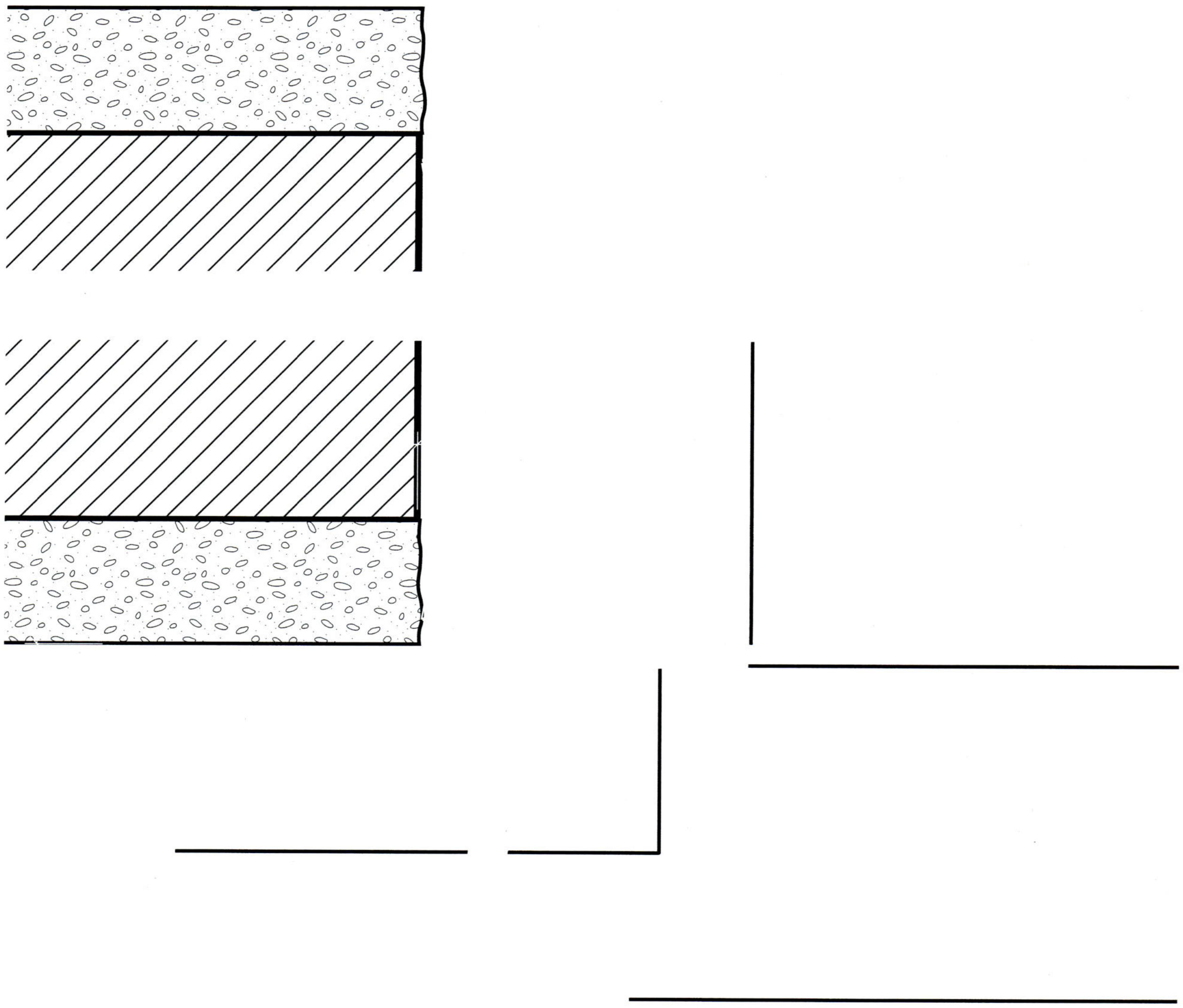

Name: **Klasse/Gruppe:** **Datum:**

Vervollständigen Sie den Schnitt durch eine Blockrahmentür im Maßstab 1 : 1.

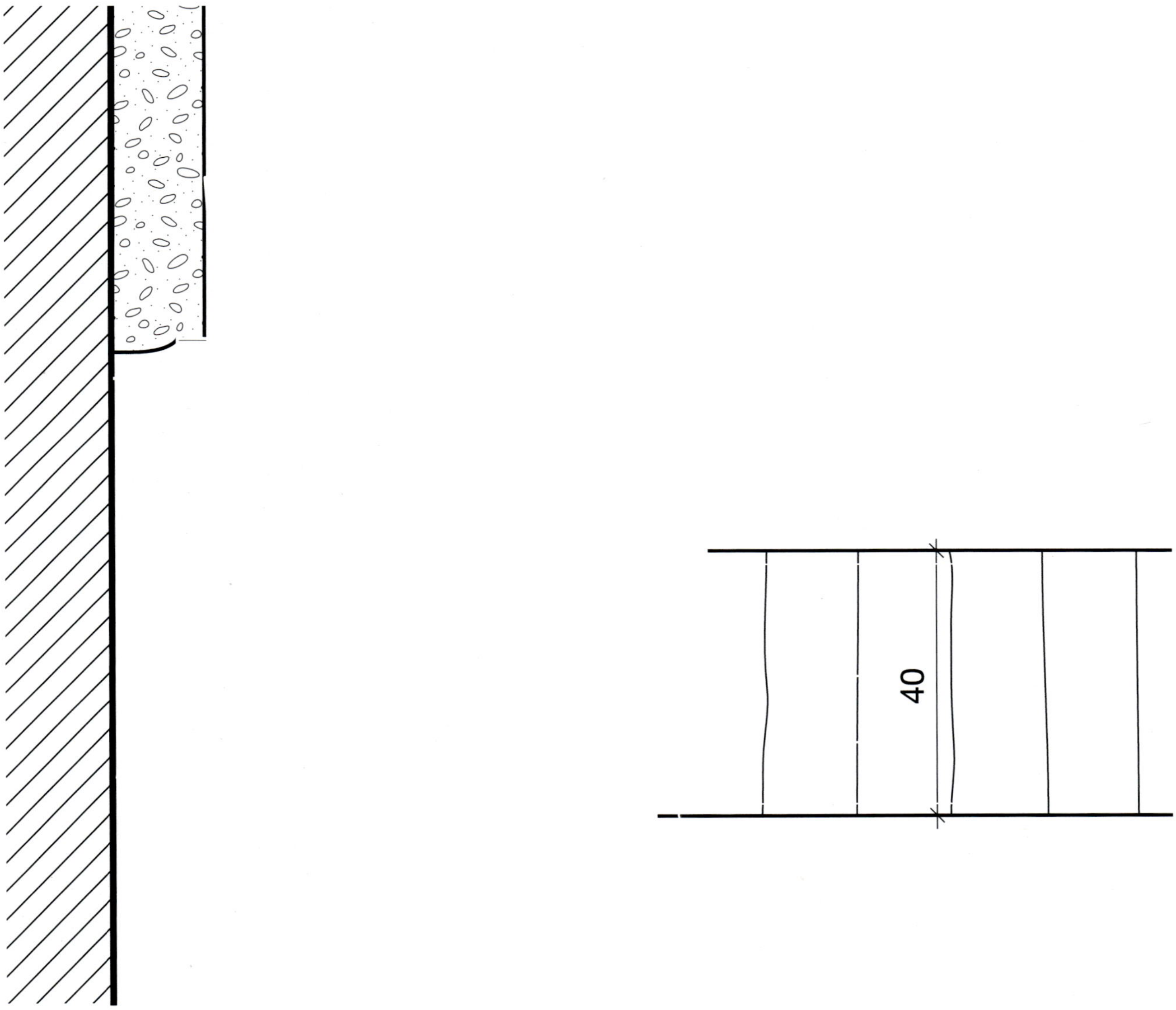

Name: **Klasse/Gruppe:** **Datum:**

Ergänzen Sie den Horizontalschnitt unten.
Die Füllung besteht aus überfurnierten Plattenwerkstoffen mit Anleimer.
Die Füllung liegt in einem Falz.
Die Eckverbindungen sind gedübelt.
Bestimmen Sie das Dornmaß für ein Zimmertürschloss, wenn das Schlüsselloch mittig liegen soll.
Maßstab 1 : 2

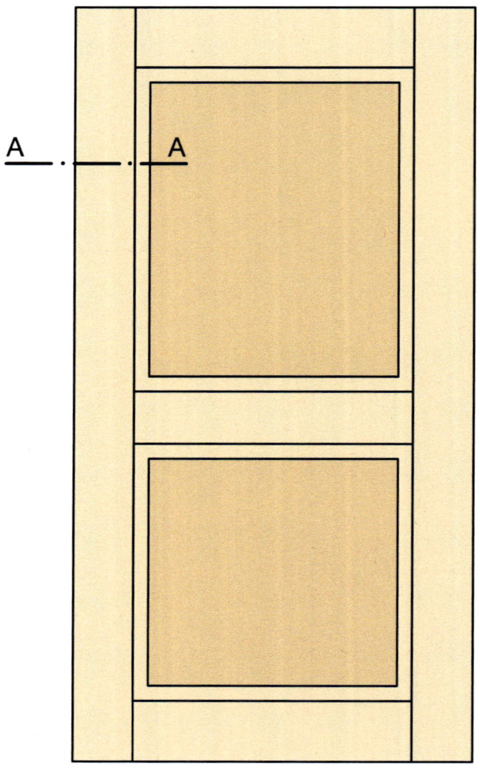

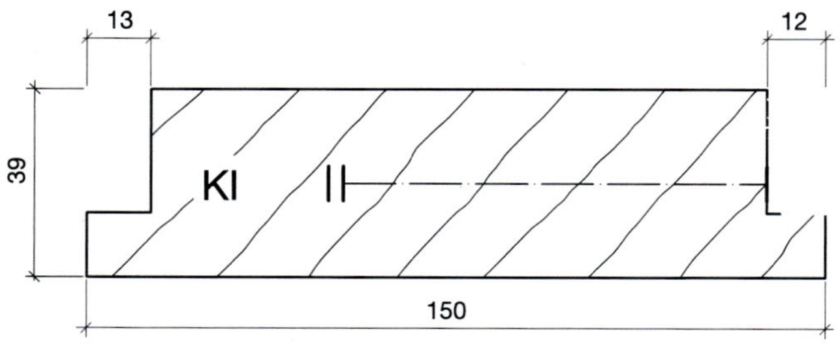

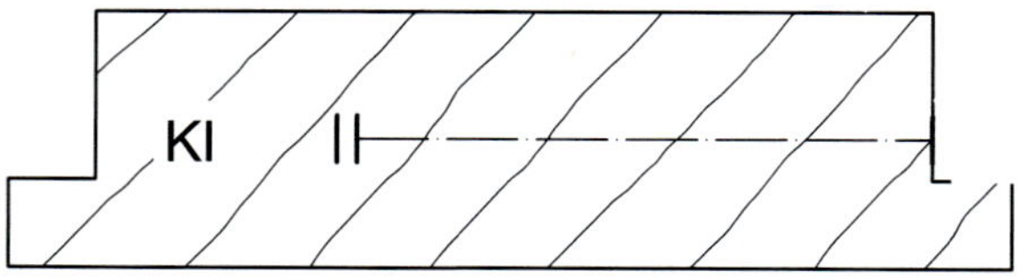

Name: **Klasse/Gruppe:** **Datum:**

Benennen Sie die einzelnen Teile eines Schlosses.

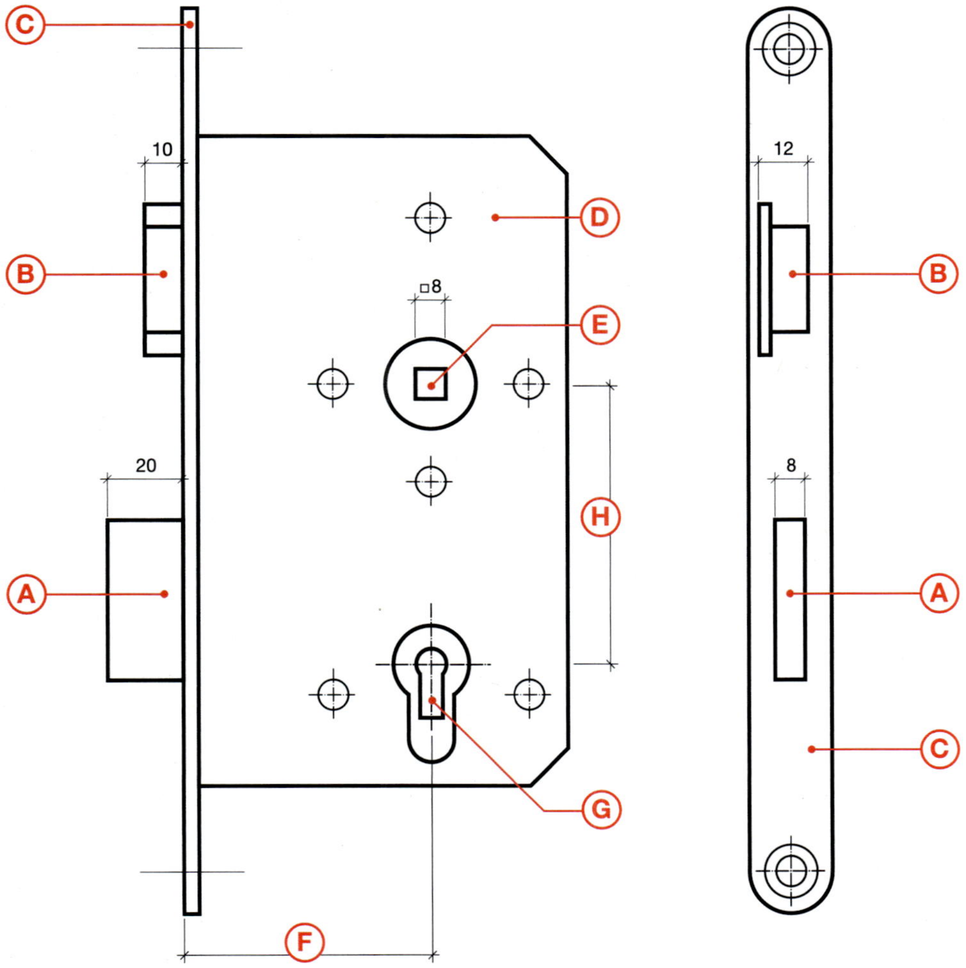

A ______________________________

B ______________________________

C ______________________________

D ______________________________

E ______________________________

F ______________________________

G ______________________________

H ______________________________

Für die Bestellung eines Schlosses benötigt man folgende Angaben:

____

____

Name: **Klasse/Gruppe:** **Datum:**

Ergänzen Sie die Zeichnung und geben Sie die fehlenden Werte an.

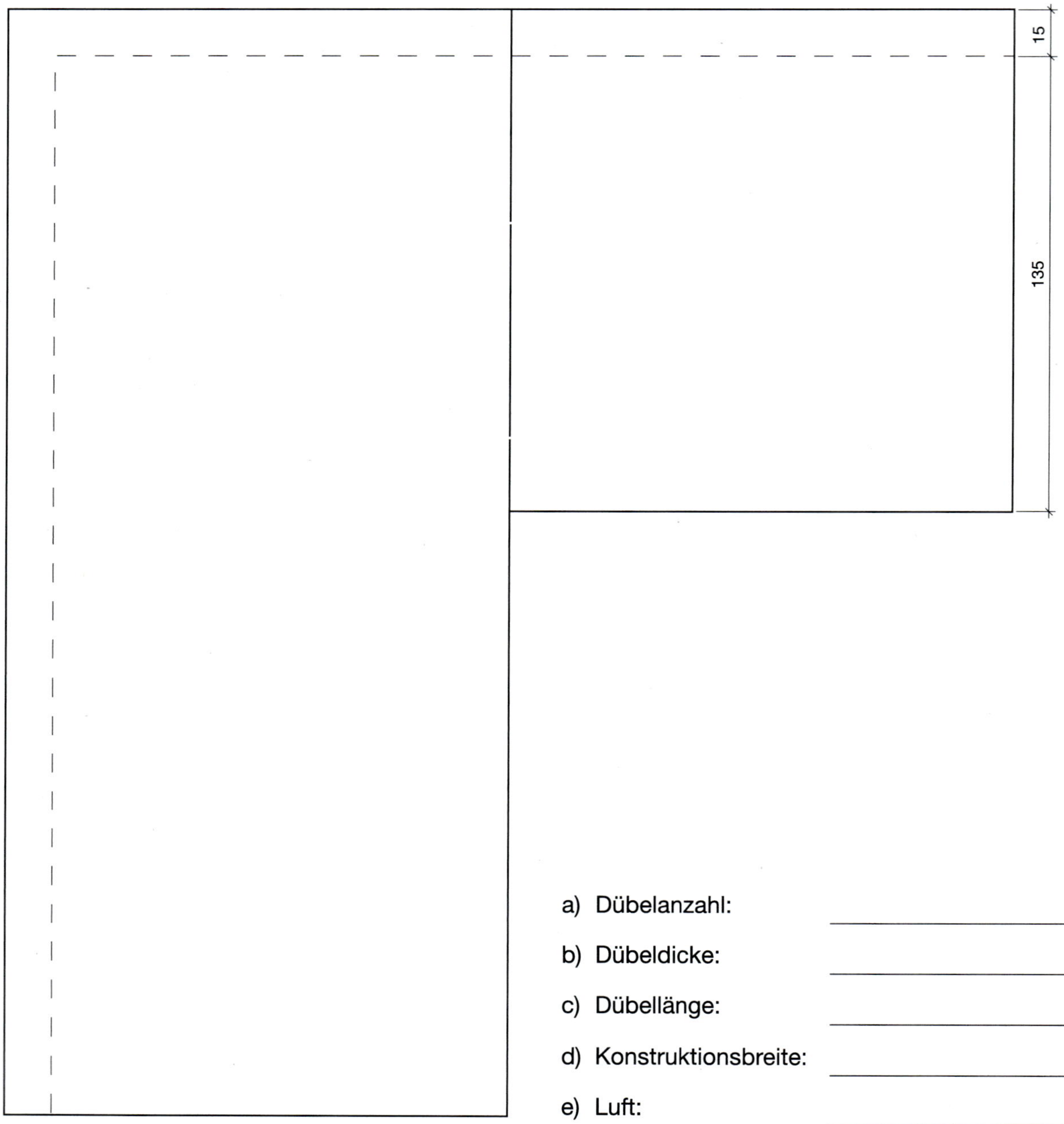

a) Dübelanzahl: ____________________

b) Dübeldicke: ____________________

c) Dübellänge: ____________________

d) Konstruktionsbreite: ____________________

e) Luft: ____________________

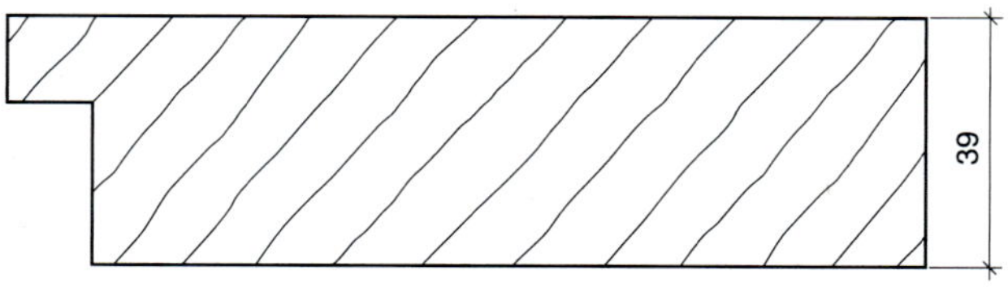

Name: Klasse/Gruppe: Datum:

Anforderungen an die Ausführung zum Treppenbau

Im Bereich Treppenbau werden in der VOB/C Zimmerarbeiten folgende Anforderungen an die Ausführung formuliert:

- Treppen sind nach DIN 18065 „Gebäudetreppen – Terminologie, Messregeln, Hauptmaße“ herzustellen.
- Nadelholz muss der Güteklasse I nach DIN 68365, Laubholz der Güteklasse II nach DIN 68368 entsprechen.
- Treppenteile aus Holzwerkstoffen sind aus Holzspanplatten nach DIN 68763 und DIN EN 312-5 oder aus Sperrholz nach DIN 68705-3 bis DIN 68705-5 herzustellen.
- Die Treppen müssen so zusammengearbeitet und aufgestellt werden, dass die Stufen beim Begehen nicht knarren.
- Trittstufen dürfen aus verleimten Einzelteilen hergestellt werden.
- Bei furnierten Trittstufen muss die Dicke der Decklage bei Hartholz mindestens 2,5 mm und bei Weichholz mindestens 5 mm betragen. An den Stoßkanten muss die Decke für beide Holzarten mindestens 6 mm betragen.
- Wangenkrümmlinge sind durch Kropfschrauben und Hartholzdübel zu verbinden. Werden Schraubenlöcher verdübelt, so sind die Dübel entsprechend der Holzart auszuwählen und in Faserrichtung einzupassen.
- Handlaufkrümmlinge sind mindestens durch Dübel mit den anschließenden Handläufen zu verbinden.
- Handläufe aus Holz sind griffgerecht auszubilden und müssen mindestens 48 mm Durchmesser bzw. einen Querschnitt von mindestens 40/60 mm haben.
- Farbunterschiede zwischen Längsholz- und Hirnholzflächen sowie zwischen Massivholz und furnierten Flächen sind zulässig.

Bedenken im Vorfeld

- Im Vorfeld der Ausfertigung hat der ausführende Betrieb den Untergrund und die Baustelle zu prüfen und dabei zu folgenden Punkten Bedenken geltend zu machen:
- fehlende Voraussetzungen für die Verankerung und Befestigung
- zu hohe Baufeuchte
- fehlende Aussparungen
- fehlender konstruktiver Holzschutz
- unrichtige Lage und Höhe von Fundamenten, Auflagern und sonstigen Unterkonstruktionen
- fehlende Höhenbezugspunkte je Geschoss

Name: ______ **Klasse/Gruppe:** ______ **Datum:** ______

Die VOB ist ein Regelwerk für Handwerker und den Baubereich.

Beantworten Sie folgende Fragen mithilfe des Ausschnitts aus der VOB und des Fachbuchs.

Das Abkürzung VOB steht für

____

Warum ist die VOB wichtig für den Baubereich?

____

Sobald auf die VOB als Grundlage hingewiesen wird, ist sie für alle Beteiligten verbindlich.

Welcher Bereich der VOB ist für den Schreiner wichtig?

____

Welche Angaben bezüglich des Treppenbaus macht die VOB?

____

____

____

____

Worauf hat der Auftragnehmer im Vorfeld zu achten?

____

____

____

Name: ______ **Klasse/Gruppe:** ______ **Datum:** ______

Ergänzen Sie die Bezeichnungen.

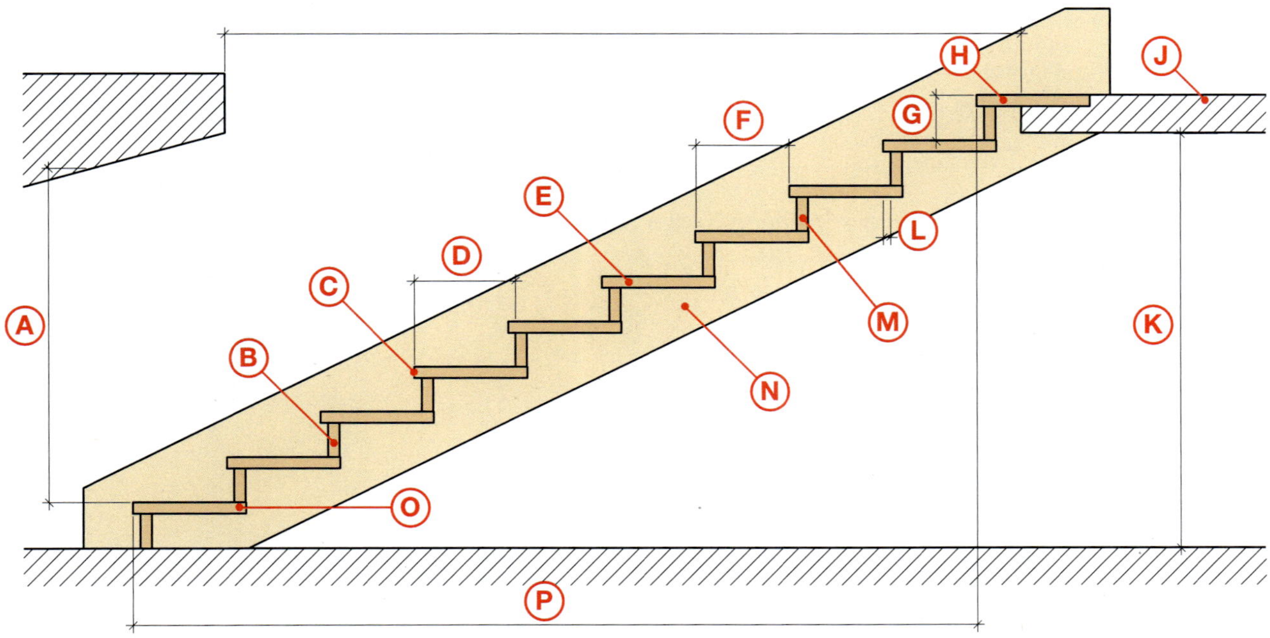

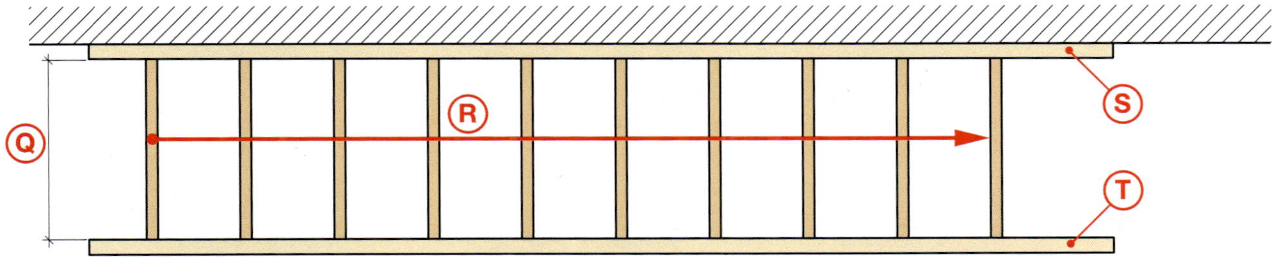

	Bezeichnung		Bezeichnung
A		**K**	
B		**L**	
C		**M**	
D		**N**	
E		**O**	
F		**P**	
G		**Q**	
H		**R**	
I		**S**	
J		**T**	

Name: **Klasse/Gruppe:** **Datum:**

Die Schrittlänge eines erwachsenen Menschen liegt im Mittel bei 63 cm. Beim Begehen einer Treppe werden bei jedem Schritt zwei Steigungen und ein Auftritt überwunden.

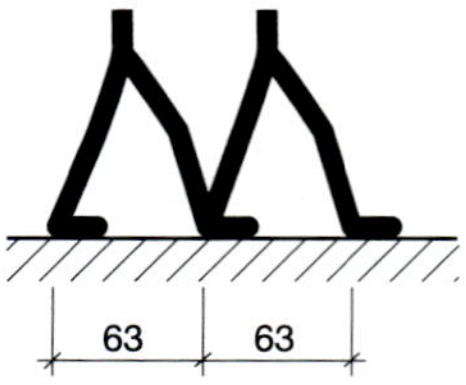

Die Schrittmaßregel lautet:
2 Steigungen (2*s* in cm) und
ein Auftritt (*a* in cm) = ________________

Zur Berechnung einer Treppe wird die Steigungszahl *n* benötigt.

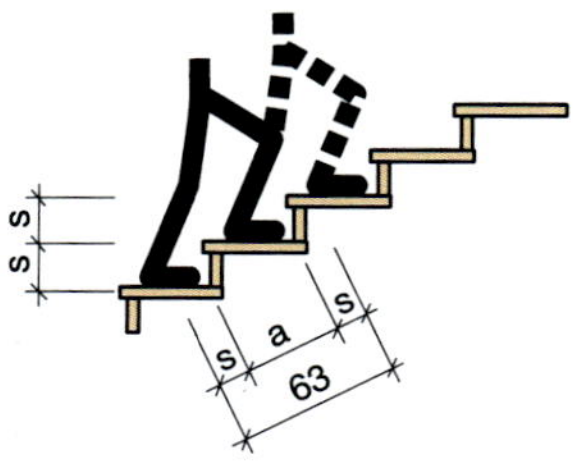

$$n = \frac{\text{Geschosshöhe}}{\text{angenommene Steigung}}$$

1) Berechnen Sie die Steigungsanzahl:

Gegeben: Geschosshöhe $h = 2{,}75$ m;
Steigungshöhe $s = 17$cm

2) Ermitteln Sie die Steigung der Treppe bei einer Geschosshöhe von 275 cm und der ermittelten Steigungszahl 16.
Gegeben: $h = 275$, $n = 16$
Gesucht: s = Steigung

Name: **Klasse/Gruppe:** **Datum:**

Das Einwirken von äußeren und inneren Faktoren auf ein Bauteil muss bei der Planung berücksichtigt werden. Ergänzen Sie folgende Tabelle:

	Einwirkungen
von der Außenseite	
von der Raumseite (Innen)	
aus dem Bauteil	
aus der Nutzung	
aus dem Bauwerk	

Menschen fühlen sich nur in einem bestimmten Temperaturbereich und einer bestimmten Luftfeuchte wohl.

Ermitteln Sie den Temperaturbereich für Behaglichkeit bei einer Luftfeuchte von 40 %.

Ermitteln Sie den Luftfeuchtebereich für Behaglichkeit bei einer Temperatur von 18 °C.

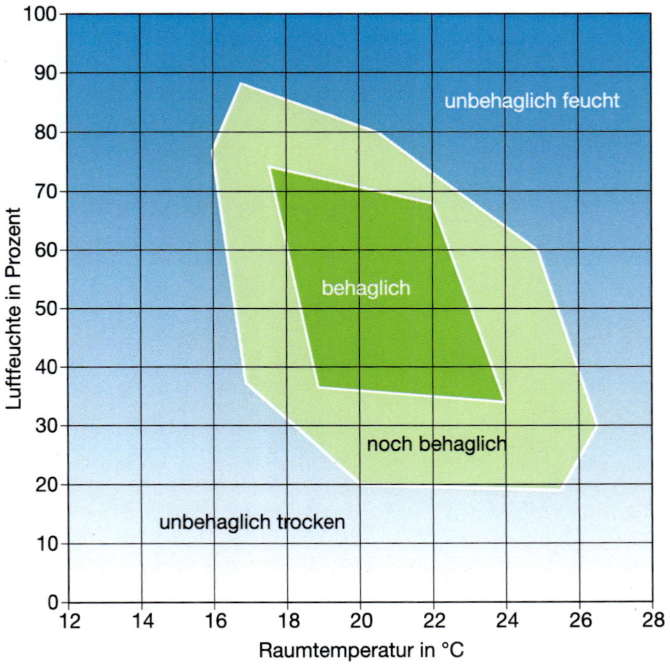

Name: **Klasse/Gruppe:** **Datum:**

Folgende Anforderungen an ein Fenster müssen erfüllt werden:

Erklären Sie folgende Begriffe.

	Erläuterung	Je kleiner desto besser/schlechter
g-Wert		
a-Wert		
U-Wert		

Aus den verschiedenen Werten ergibt sich:

Bei sehr guter Wärmedämmung (kleiner U-Wert) ist der Wärmegewinn durch Sonnenstrahlen klein/groß.

Je kleiner der a-Wert, desto ____________ schließt das Fenster.

Name: **Klasse/Gruppe:** **Datum:**

Im Vergleich zu einer Standard-Hohlziegelwand haben Fenster immer noch einen vergleichsweise geringen Wärmeschutz.

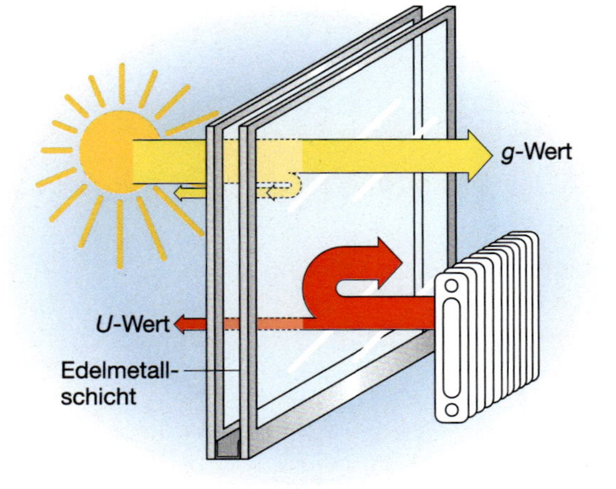

Bearbeiten Sie folgende Fragen:.

Durch welche Maßnahmen kann der Wärmeschutz am Fenster verbessert werden?

___

___

___

Moderne Isolierglasscheiben haben einen besonderen Aufbau.
Kennzeichnen Sie die einzelnen Elemente der Scheibe und erklären Sie deren Funktion.

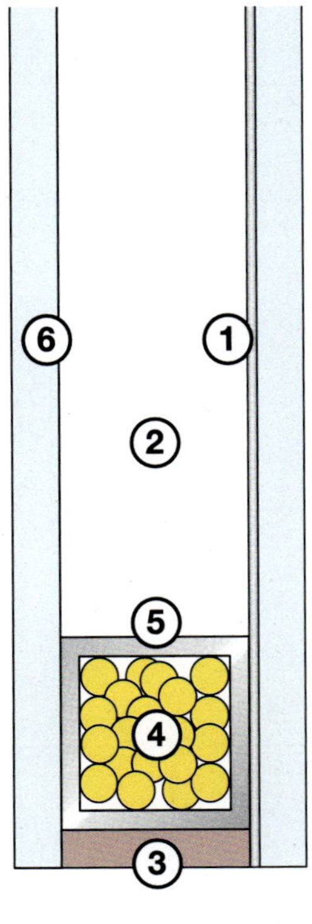

___

___

___

___

___

___

___

Name: ____ **Klasse/Gruppe:** ____ **Datum:** ____

Ergänzen Sie die Sätze.

Die Bewegung eines Flügels zum Betrachter wird mit einer ____________________ Linie dargestellt.

Die Bewegung eines Flügels weg vom Betrachter wird mit einer ____________________ Linie dargestellt.

Benennen Sie die Öffnungsarten.

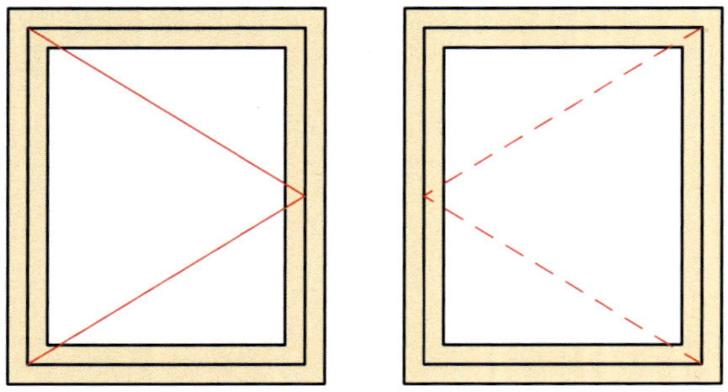

____

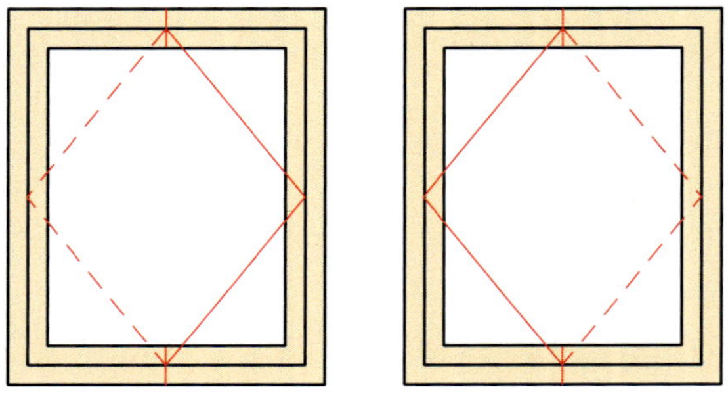

____

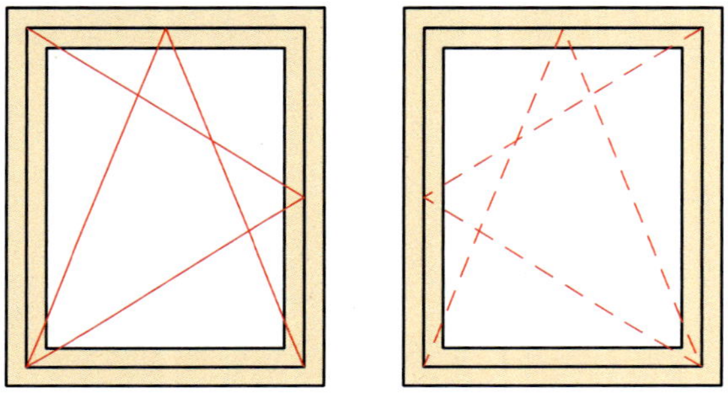

____

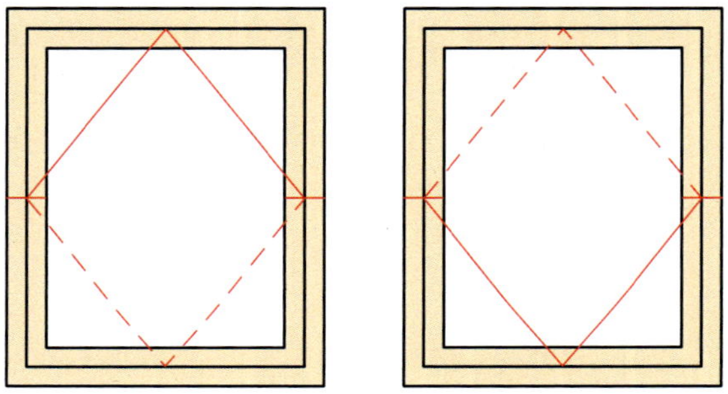

____

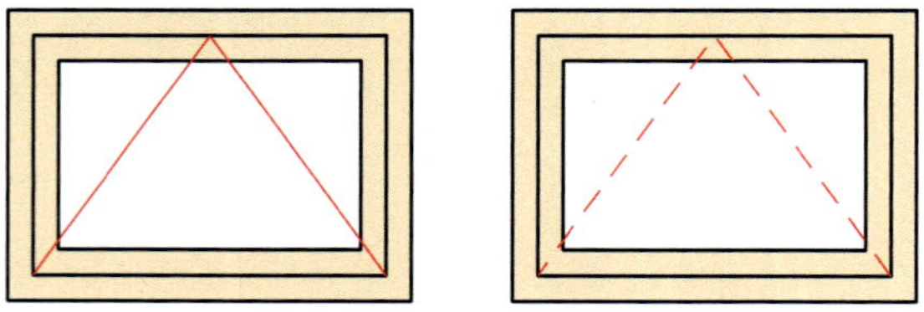

____

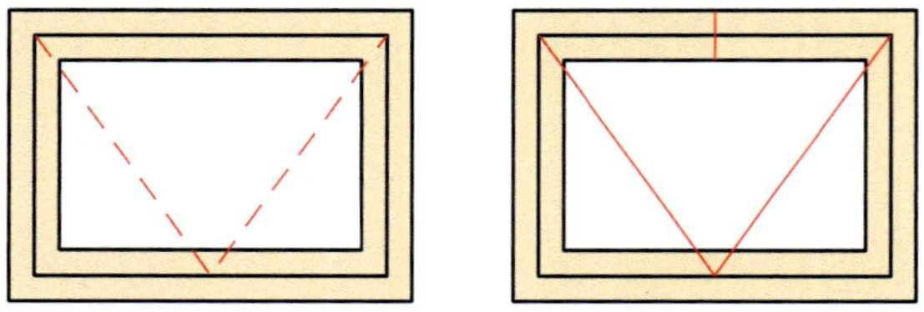

____

____

____

Name: **Klasse/Gruppe:** **Datum:**

Seit mehreren Jahren müssen Fenster nach RAL eingebaut werden.

1. Skizzieren Sie den Einbau eines Fensters nach RAL und benennen Sie die einzelnen Teile.

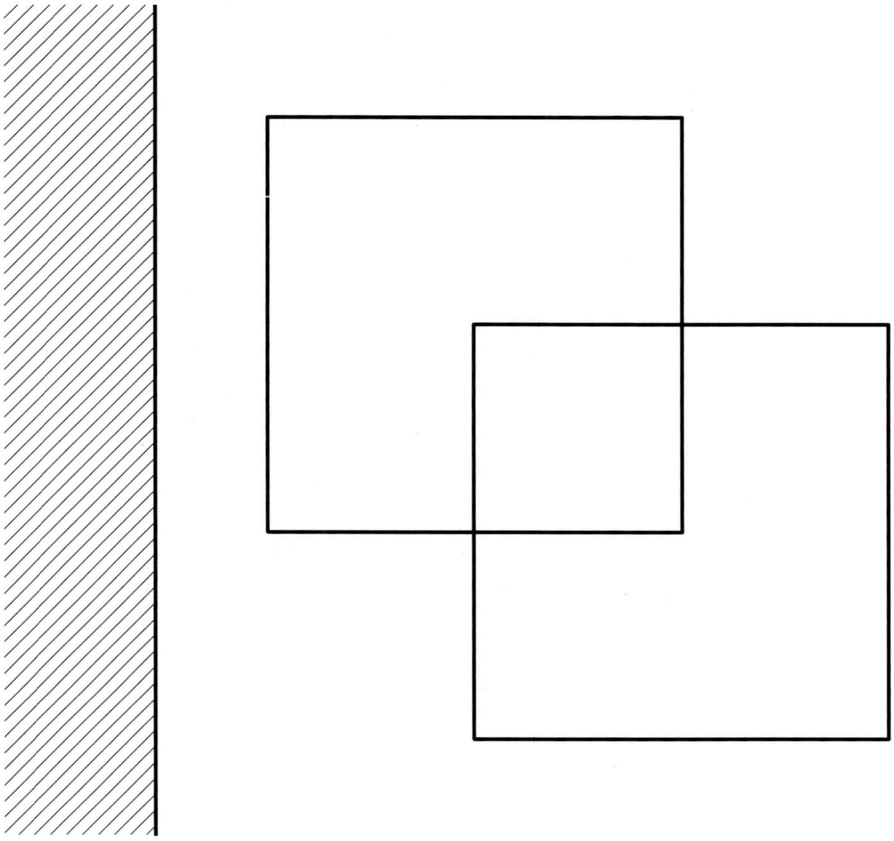

2. Nennen Sie die Anforderungen an die Fuge.

3. Welche Folgen kann der fehlerhafte Einbau für den Schreiner haben?

Name: **Klasse/Gruppe:** **Datum:**

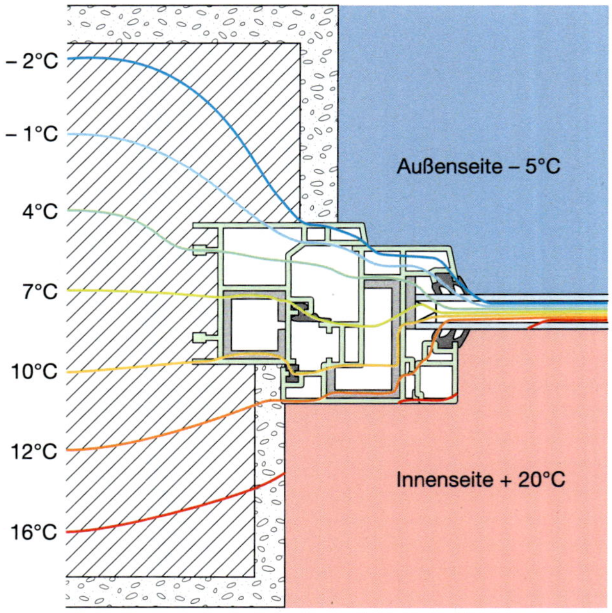

a. Beschreiben Sie anhand der obigen Zeichnung die Isothermen.

____

b. Welche Isotherme ist am wichtigsten und warum?

____

____

2. Aufgabe

Der Taupunkt spielt eine wichtige Rolle beim sachgerechten Aufbau einer Wärmedämmung.

Ergänzen Sie die Sätze.

Die relative Luftfeuchte nimmt ____________, wenn bei gleichbleibender Wasserdampfmenge die Temperatur der Luft ansteigt, sie nimmt ____________, wenn die Lufttemperatur sinkt.

Hat die relative Luftfeuchtigkeit 100 % erreicht, scheidet sich bei weiterer Abkühlung im Bauteil ________________ ab.

Name: **Klasse/Gruppe:** **Datum:**

Für den Bau eines Holzfensters genügt es nicht, sorgfältig zu arbeiten. Was muss noch beachtet werden? Die Holzauswahl ist ein wichtiger Punkt, der vor der Fertigung beachtet werden muss.

Nennen Sie besonders gut geeignete Fensterbauhölzer:

____

Worauf ist bei dem Abstand der Jahrringe zu achten?

____

____

Welche Holzfehler sind nicht erlaubt?

____

Welche Holzfeuchte sollte das Holz beim Verarbeiten haben?

____

Heutzutage wird in vielen Werkstätten das ressourcenschonende Leimholz verwendet.

Anforderungen und Vorteile von schichtverleimten Fensterkanteln

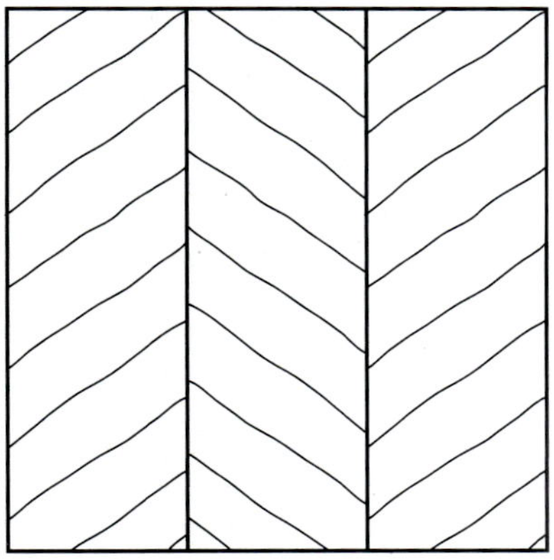

Vorteile:
- bessere Oberflächen
- größeres Stehvermögen
- Kostenersparnis

Anforderungen:
- D4-Verleimung
- symmetrischer Aufbau
- zertifiziert
- kein Falz in der Leimfuge

Name: **Klasse/Gruppe:** **Datum:**

Vergleichen Sie folgende Rahmenmaterialien.

Werkstoff	Holz	Kunststoff	Aluminium
Profil	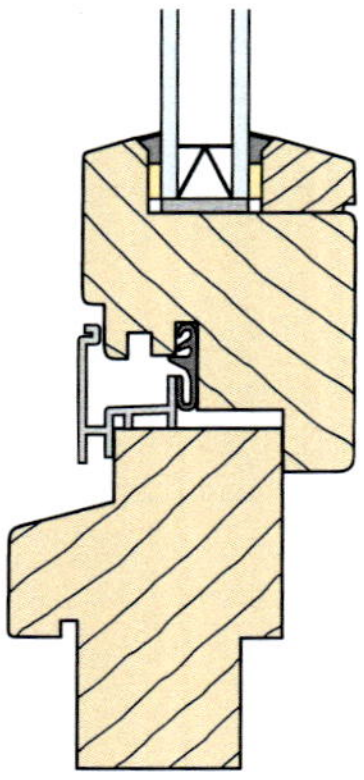	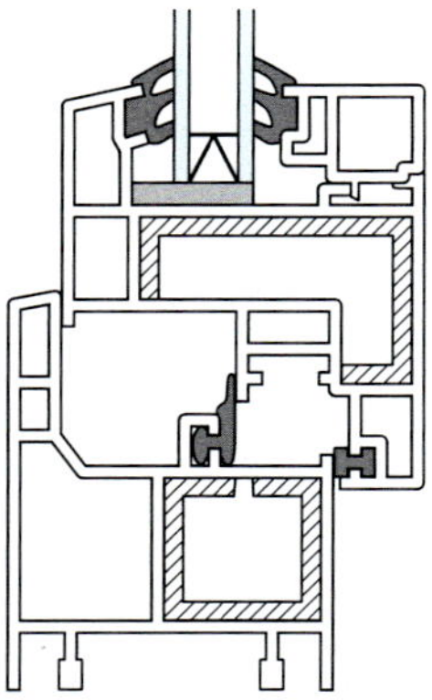	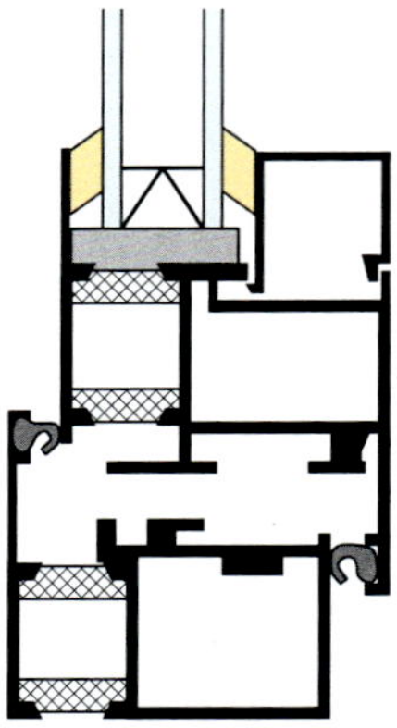
Rahmenwerkstoff			
Eckverbindung			
Stabilität			
Wärmedämmung			
Thermische Längenausdehnung			
Wartung			
Besonderheiten			

Name: **Klasse/Gruppe:** **Datum:**

Benennen Sie die einzelnen Fensterelemente und erklären Sie den konstruktiven Holzschutz anhand des Fensterprofils.

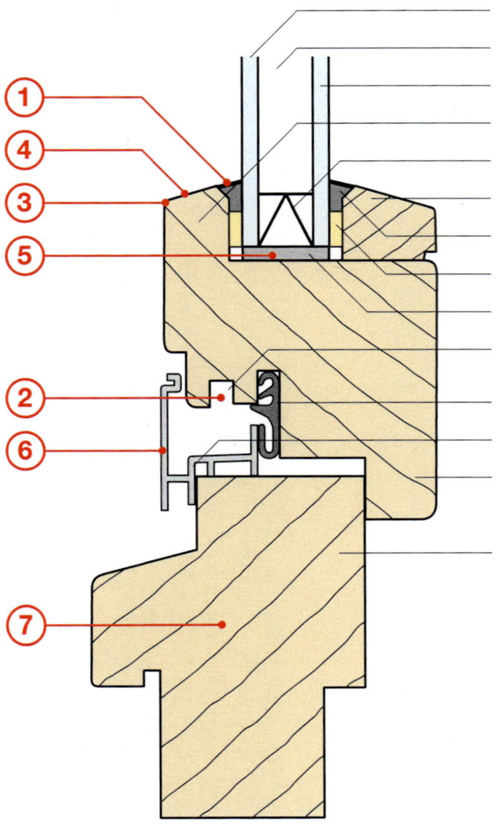

zu 1) ______

zu 2) ______

zu 3) ______

zu 4) ______

zu 5) ______

zu 6) ______

______

zu 7) ______

Name: **Klasse/Gruppe:** **Datum:**

Bei Haustüren ist zu beobachten, dass sie sich je nach Wetterlage verziehen können.

Sommer

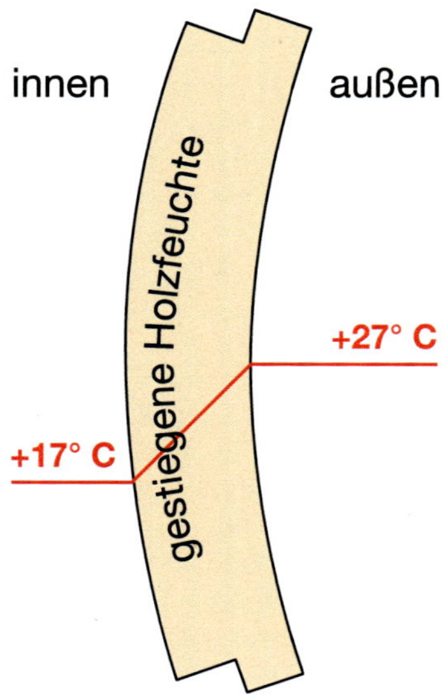

Winter

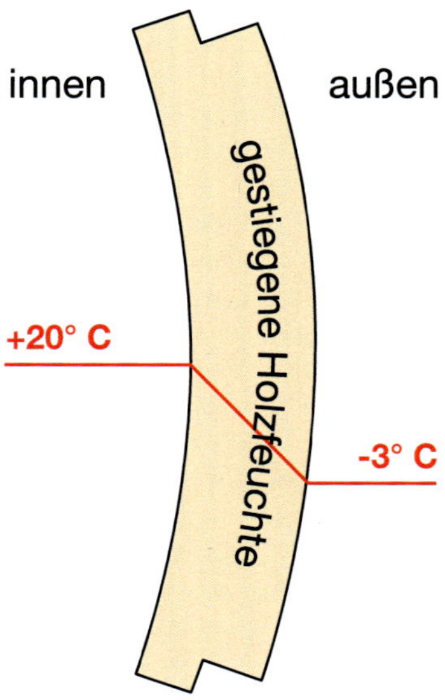

Begründung/Erklärung

Die relative Luftfeuchte:

____

Holz ist hygroskopisch:

____

Nennen Sie die Möglichkeiten, das „Krummwerden“ zu vermindern.

____

____

____

____

Name: **Klasse/Gruppe:** **Datum:**

Benennen Sie die einzelnen Punkte des konstruktiven Holzschutzes.

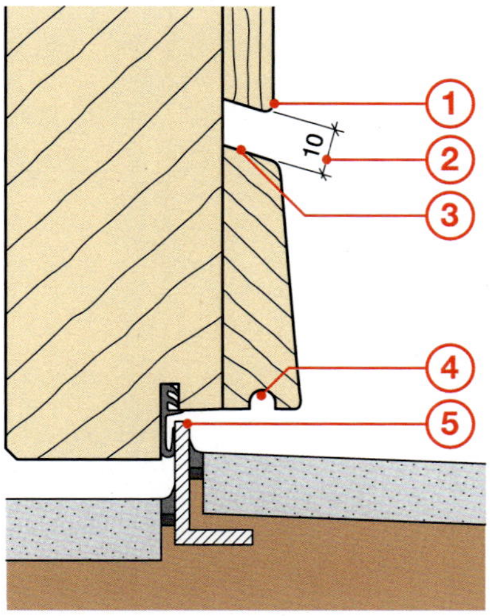

Auf folgende Punkte ist bei der Holzauswahl zu achten:

Auf folgende Punkte ist bei der Auswahl des Anstrichs zu achten:

Auf folgende Punkte ist bei der Konstruktion zu achten:

Name: **Klasse/Gruppe:** **Datum:**

Ergänzen Sie den unteren Schnitt durch eine aufgedoppelte Haustür.

Beachten Sie dabei:
- Isolierung
- Füllung
- Befestigung der Aufdoppelung
- Dampfsperre

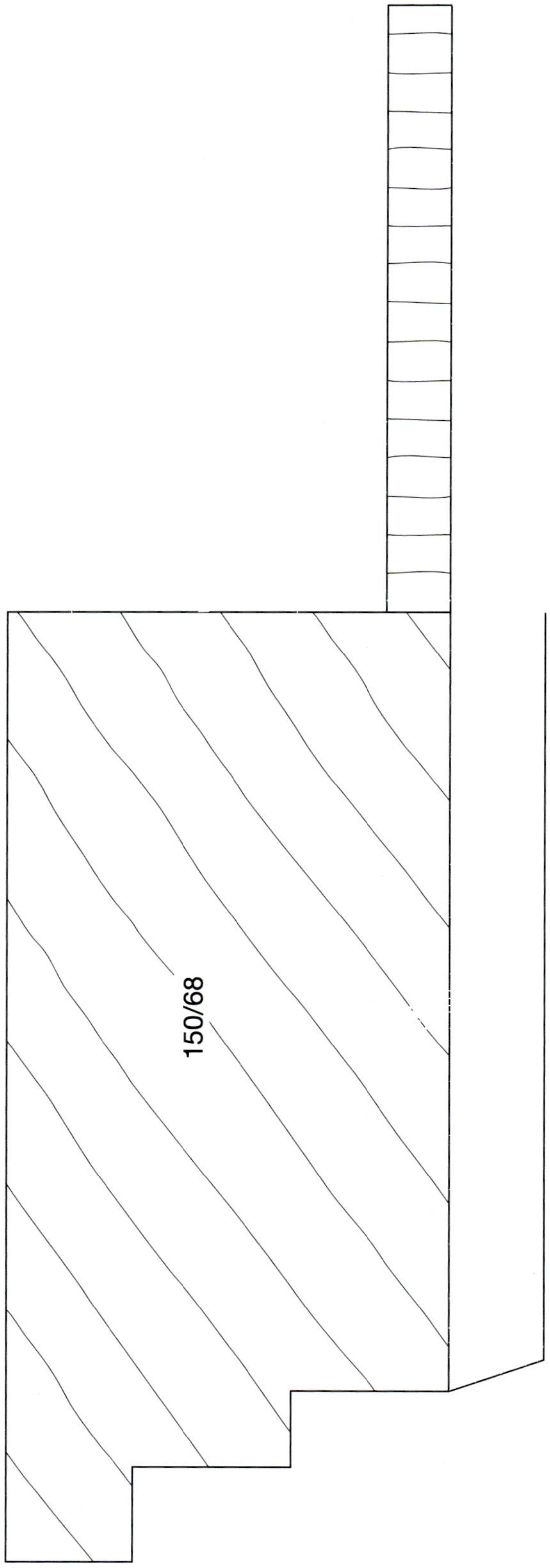

Name: ____________ **Klasse/Gruppe:** ____________ **Datum:** ____________

Durch den zunehmenden Individualverkehr besteht immer mehr Bedarf an fachgerechten Lösungen zum Schallschutz.

Grundlagen:

1. Wenn zwei Fahrzeuge mit jeweils 75 dB nebeneinander stehen, ergibt sich ein Gesamtschallpegel von __________ dB.

2. Der Schallpegel erhöht sich durch 10 dB, die Lautstärke für das menschliche Ohr __________ sich.

3. Menschen in der Nähe von stark befahrenen Straßen leben kürzer. Welche Störungen am menschlichen Körper verursacht dauerhafter Lärm?

   ____

   ____

   ____

   ____

4. Benennen Sie Möglichkeiten der Verbesserung des Schallschutzes an Haustüren und Fenstern.

Haustüren	Fenster

Name: Klasse/Gruppe: Datum:

Ergänzen Sie in der aufgeführten Tabelle Anwendungen von wasserlöslichen und lösemittelhaltigen Holzschutzmitteln.

Bezeichnung	Bestandteile	Eigenschaften	Anwendung
CF-Salz (RAL-Zeichen)	Bichromat, Alkalifluoride, Dinitrophenol	giftig, Verfärbungen in Putzen möglich	
CFA-Salz (Überwachungszeichen)	Alkalibichromat, Alkalifluoride, Alkaliarsenat	sehr giftig	
HF-Salz	Hydrogenfluoride	Gase greifen Metalle und Glas an	
SF-Salz	Silicorfluoride	greifen Metall und Glas an	
CK-Salz	Bichromat, Kupfersalze, Arsen-, Bor- und Fluorverbindungen	sehr giftig, schwer auswaschbar	
B-Salz	Borverbindung	kaum giftig	
lösemittelhaltige Holzschutzmittel	Bindemittel, Zusätze, Pigmente, organische Lösemittel	nach Verdunsten des Lösemittels geruchlos, leicht entflammbar	

Name: **Klasse/Gruppe:** **Datum:**

Nennen Sie die Designer der abgebildeten Möbelstücke und geben Sie deren Herkunftsland an.

Name: **Klasse/Gruppe:** **Datum:**

Aus welcher Stilepoche stammen die abgebildeten Möbel?

Name: **Klasse/Gruppe:** **Datum:**

Allgemeine Hinweise

Gewachste Fußböden und Treppen bieten eine elegante glänzende Optik. Sie benötigen eine intensivere Pflege als geölte Flächen.

Mit Naturtrend-Wachsen behandelte Oberflächen können normal abgesaugt oder gekehrt werden. Eine erste Feuchtreinigung und Pflege darf jedoch erst 10 Tage nach der Versiegelung vorgenommen werden. Dann ist die Endhärte der Oberfläche erreicht!

Damit die natürliche Optik und Widerstandsfähigkeit der natürlichen Oberfläche Ihres Objekts lange erhalten bleibt, sind folgende Hinweise zu beachten:

- Verwenden Sie niemals scharfe, stark alkalische oder lösemittelhaltige Reinigungsmittel oder Scheuermittel. Derartige Reiniger greifen die natürliche Oberfläche an und lösen diese sogar auf.
- Benutzen Sie keine Mikrofasertücher zur Reinigung Ihres Objekts. Mikrofasertücher wirken wie Baumwolltücher oder Fensterleder.
- Baumwolltücher zum Reinigen oder Aufpolieren Ihres Objekts müssen vor der Erstbenutzung gewaschen werden.
- Nehmen Sie zur Reinigung immer nur saubere Tücher!
- Vermeiden Sie stehende Nässe, z.B. durch nasse Gläser, undichte Blumentöpfe oder Vasen.
- Verwenden Sie nach Möglichkeit keine Untersetzer oder Bodenbeläge, deren Unterseite gummiert oder latexiert ist. Diese Beschichtungen können Substanzen enthalten, die nach einiger Zeit Flecken hinterlassen.
- Zum Schutz vor Nässe und Schmutz im Eingangsbereich ausreichend große Fuß-/Abstreifmatten auslegen.
- Auf Böden sollte loser Schmutz regelmäßig durch Saugen oder Kehren entfernt werden.
- Schützen Sie Ihren Boden zusätzlich, indem Sie bewegliche Möbel mit weichen Filzgleitern ausrüsten und bei starkem Punktverschleiß (z. B. Stuhlrollen) Schutzmatten verwenden.

Sollte Ihr Objekt nach einiger Zeit sehr starke Gebrauchsspuren zeigen, z. B. durch unregelmäßige Pflege oder starke Abnutzung, ist es ratsam, die natürliche Oberfläche von Ihrem Fachbetrieb von Grund auf erneuern zu lassen.

Regelmäßige Feuchtreinigung

Wir empfehlen eine Feuchtreinigung alle 2–3 Wochen je nach Verschmutzungsgrad vorzunehmen. Bei Bedarf mit ca. 30 ml Naturtrend Holzbodenseife auf 10 Liter Wasser nur nebelfeucht wischen. Bitte arbeiten Sie mit 2 Eimern. Einen Eimer für die saubere Seifenlösung, einen zweiten Eimer zum Auswringen des Bodentuches. Nie mit klarem Wasser nachwischen, da sonst der seidenmatte und rückfettende Schutzfilm entfernt wird!

Pflege

Gewachste Böden und Treppen sollen nach geraumer Zeit aufgefrischt werden. Eine Auffrischung sollte abhängig von der Beanspruchung alle 2–3 Monate erfolgen.

Dies geschieht am besten mehrmals jährlich nach einer entsprechenden Reinigung, wie oben beschrieben. Naturtrend Pflegemilch ist gebrauchsfertig und wird mit einem saugfähigen Tuchballen gleichmäßig aufgetragen. Nach ca. 30 Minuten die Fläche mit einem großen Baumwolltuch nachpolieren. Eine Nachbehandlung mit klarem Wasser darf nicht erfolgen!

Name: **Klasse/Gruppe:** **Datum:**

Sie haben einem Kunden eine gewachste, mit Öl vorbehandelte Treppe geliefert.

Worauf hat der Kunde zu achten um die Langlebigkeit des Produktes zu gewährleisten?

Reinigungsmittel: ______________________

____

Pflegetuch: ______________________

Baumwolltücher: ______________________

Feuchtigkeit: ______________________

Loser Schmutz: ______________________

starke Gebrauchsspuren: ______________________

Feuchtreinigung: ______________________

____

____

Pflege: ______________________

Name: **Klasse/Gruppe:** **Datum:**

Für einen Messestand sollen zwei Ablagetische gefertigt werden.
Für den Kostenvoranschlag sollen eine Materialliste und eine Materialkostenberechnung erarbeitet werden.
Erstellen Sie die Materialliste und eine Berechnung der Gesamtkosten des Materials.

Vorgaben:
Tischgestell Ahorn, 735,00 EUR/m³, Verschnittzuschlag 40 %
Tischplatte KF, weiß, matt, 22 mm, 16,35 EUR/m²
Kunststoffumleimer für die Platte, 0,6 mm dick, 25 mm breit, 0,25 EUR/lfm
Verbindungen bestehen aus Buchendübeln. Für die Kleinteile wird ein Pauschalbetrag von 2,50 EUR/Tisch gerechnet.

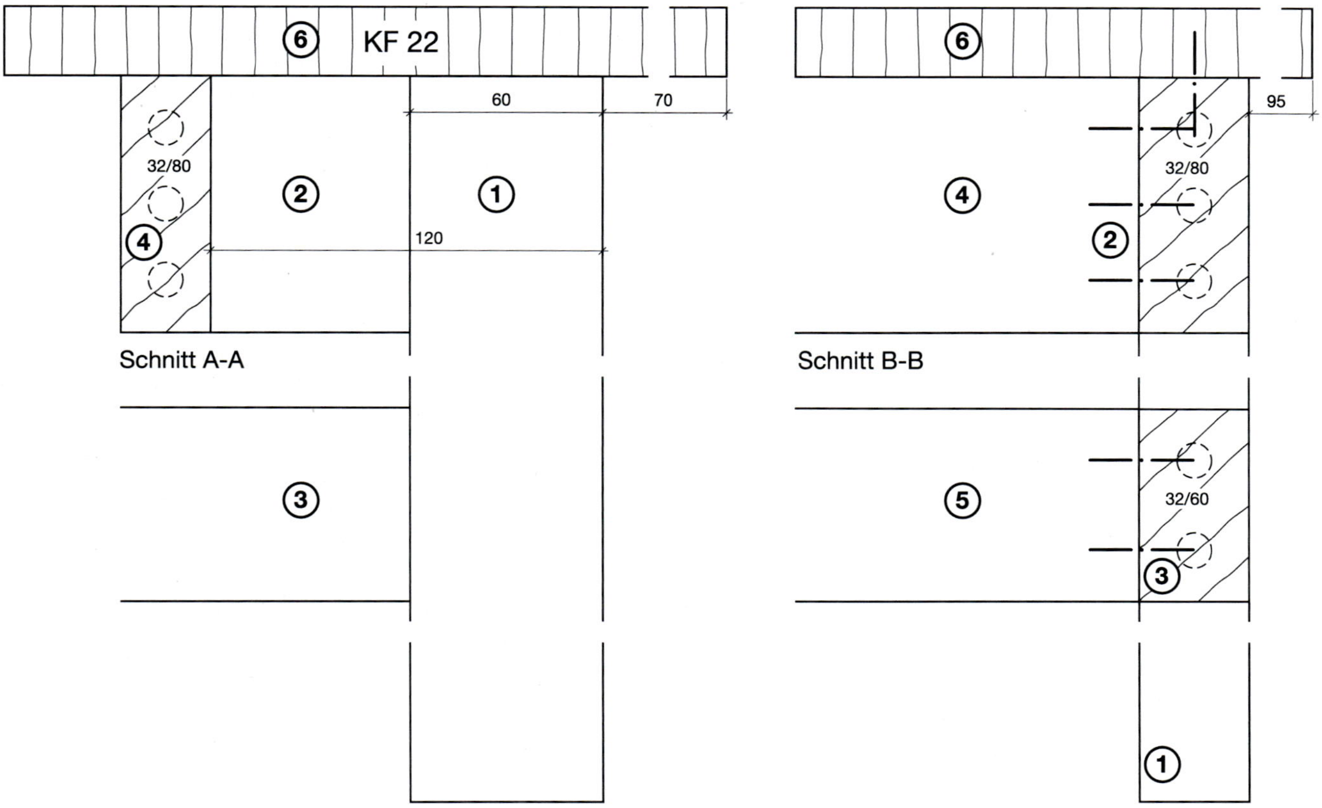

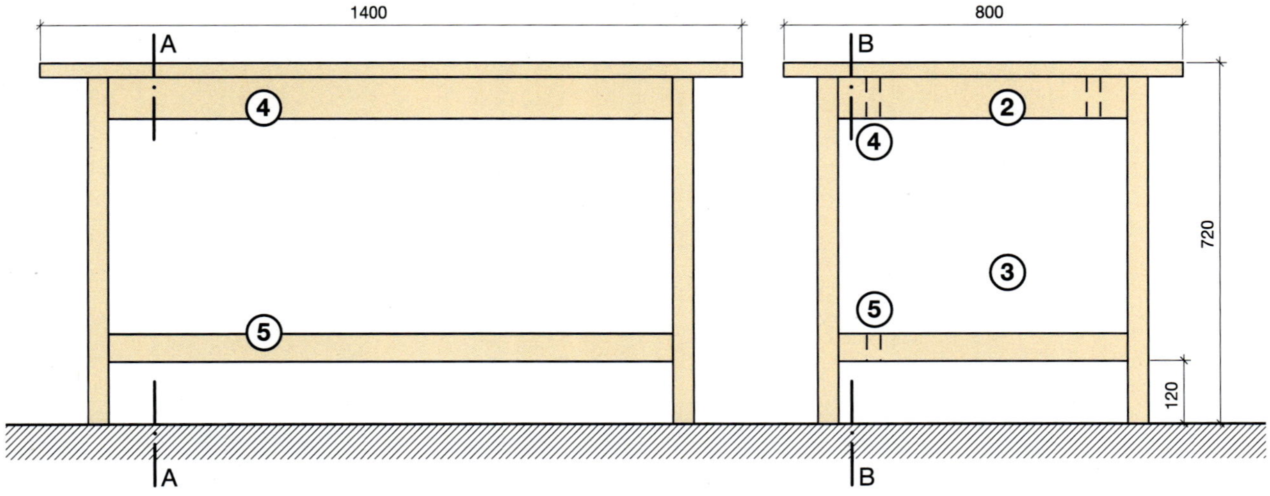

Name: **Klasse/Gruppe:** **Datum:**

Nr.	Bezeichnung	Material	Stück	Fertigmaß			Fertigmenge		Zuschlag-faktor	Rohmenge		Einzelpreis	Gesamt-preis
				Länge	Breite	Dicke	m^2	m^3		m^2	m^3		

Lernfeld 12: Kalkulation Ablagetisch – Tischplatte Vollholz | Blatt-Nr. **3**

Name: ____________ **Klasse/Gruppe:** ____________ **Datum:** ____________

Der Kunde möchte nun doch passend zum Gestell eine Tischplatte aus Ahorn Vollholz.

Bearbeiten Sie folgende Aufgabenstellungen.

1. Die Tischplatte soll aus Vollholz erstellt werden.
   Wählen Sie aus den beiden Brettern das aus, das für eine formbeständige Tischplatte verwendet werden soll.

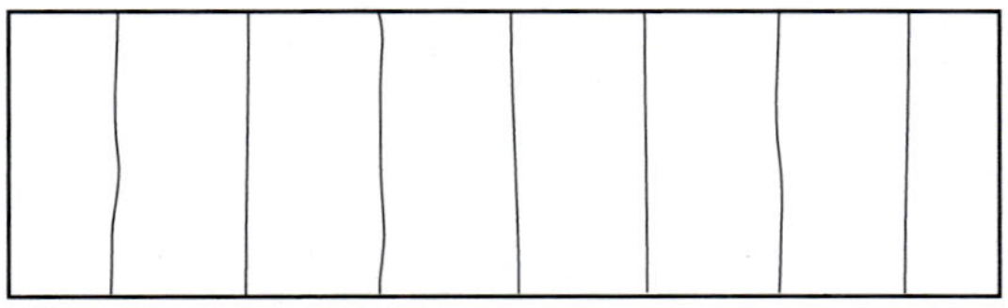

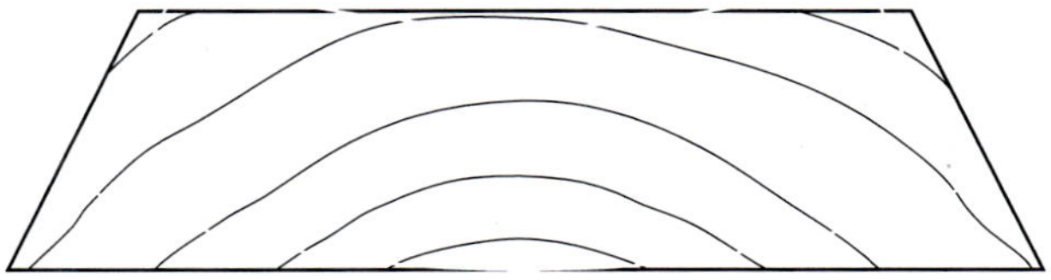

2. Zeichnen Sie in die Vorgabe ein, wie sich die Bretter bei weiterem Schwinden werfen werden.

3. Zeichnen Sie in die Tischplatte den bestmöglichen Jahrringverlauf um zu gewährleisten, dass die Platte stehen bleibt.

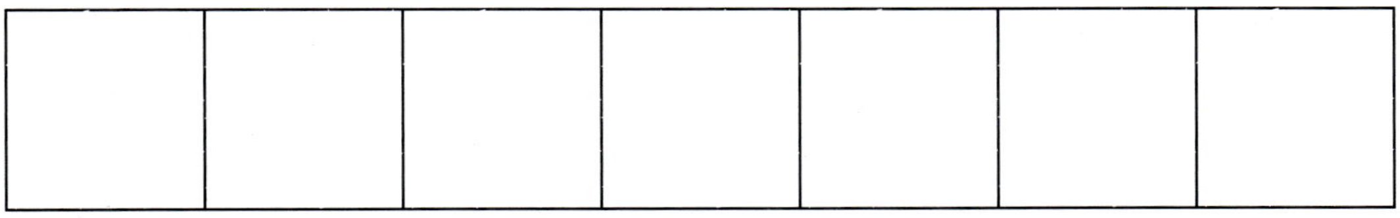

4. Der Kunde möchte, dass der Ahorn aufgehellt wird.
   Welche Möglichkeiten gibt es dafür?

   ____

5. Wie viel wird die Tischplatte voraussichtlich kosten? Übernehmen Sie die Werte aus der vorherigen Kalkulation.